Mastercam 数控加工完全自学丛书

图解 Mastercam 数控车床加工编程基础教程（2022）

陈为国　陈　昊　编　著

机械工业出版社

本书以 Mastercam 2022 数控车床自动编程为目标，首先介绍用户界面、车床编程入口、一般流程和后置处理，使读者能够全面了解 Mastercam 2022 数控车床编程预计要学习的内容和学习目标；然后，深入讲解了自动编程的基础工作，包括 CAD 建模工作以及编程前的准备工作，为读者实践 Mastercam 2022 软件的数控车床编程做好准备工作。最后，重点介绍 Mastercam 自动编程，分为基础编程与拓展提高编程两部分。第 4 章的基本指令编程是基础部分，读者学完之后基本能掌握数控车床自动编程技术。拓展提高部分包括第 5 章的循环指令编程和第 6 章的仿形粗车、动态粗车、切入车削等特有的编程加工策略。第 7 章的内容虽然对程序的生成没有直接影响，但对于全面理解数控车削加工技术有很好的帮助。

本书以理论联系实际，介绍编程功能时均从生产实际出发，主要考虑自动编程初学者的学习感受，非常适合具备手动编程基础，希望提升编程能力，解决实际生产问题的读者自学使用，也可作为高等学校及培训机构的教学用书。

为便于读者学习，随书提供了练习文件和部分结果文件，读者可用手机扫描前言中的二维码下载这些资料进行练习和对照研习。同时，本书还提供了配套的 PPT 课件，可联系 QQ296447532 获取。

图书在版编目（CIP）数据

图解 Mastercam 数控车床加工编程基础教程 ： 2022 ／
陈为国，陈昊编著． -- 北京 ： 机械工业出版社，2025.
3. --（Mastercam 数控加工完全自学丛书）． -- ISBN
978-7-111-77427-3

I．TG659.022

中国国家版本馆 CIP 数据核字第 20251UM018 号

机械工业出版社（北京市百万庄大街22号　邮政编码100037）
策划编辑：周国萍　　　　　　责任编辑：周国萍　李含杨
责任校对：梁　园　丁梦卓　　封面设计：马精明
责任印制：李　昂
北京捷迅佳彩印刷有限公司印刷
2025 年 3 月第 1 版第 1 次印刷
184mm×260mm · 12.5印张 · 278千字
标准书号：ISBN 978-7-111-77427-3
定价：79.00元

电话服务　　　　　　　　　　网络服务
客服电话：010-88361066　　机　工　官　网：www.cmpbook.com
　　　　　010-88379833　　机　工　官　博：weibo.com/cmp1952
　　　　　010-68326294　　金　书　网：www.golden-book.com
封底无防伪标均为盗版　　机工教育服务网：www.cmpedu.com

前　言

Mastercam 是美国 CNC Software 公司开发的基于个人计算机平台的 CAD/CAM 软件系统，具有二维几何图形设计、三维线框设计、曲面造型、实体和网格模型构建等设计功能。Mastercam 能够从零件图形或模型直接生成刀具路径，进行动态刀路模拟和实体加工仿真验证，支持可扩展的后置处理，具备强大的外部接口功能。自动生成的数控加工程序能适应多种类型的数控机床，提供铣削、车削、线切割、雕铣加工等多种编程功能，操作便捷高效。

Mastercam 自 20 世纪 80 年代推出至今，经历了三次较为明显的界面与版本变化，首先是 V9.1 版之前的产品，国内市场可见的有 6.0、7.0、8.0、9.0 等版本，该类版本的操作界面采用左侧瀑布式菜单与上部工具栏的设计；其次是与 Windows XP 系统配套的 X 系列版本，包括 X、X2、X3……X9，该类版本的操作界面风格类似于 Office 2003，以上部布局下拉菜单与丰富的工具栏及其工具按钮为主，同时配以鼠标右键快捷菜单操作，这个时期的版本开始与微软操作系统保持相似的风格，更符合新一代用户的使用习惯；为了更好地适应 Windows 7 系统及其具有代表性的应用软件 Office 2010 的 Ribbon 风格功能区界面，Mastercam 开始第三次操作界面风格的改款，从 Mastercam 2017 版开始推出以年代标记的版本命名方式，引入 Office 2010 的 Ribbon 风格功能区界面，标志着 Mastercam 软件进入了一个新的发展阶段。

Mastercam 年代版的 Ribbon 风格界面与 Windows 操作系统同步发展，特别适合年轻的初学者，读者可紧随 Mastercam 2022 及其后续年代版的变化而学习。由于 Mastercam 2022 界面变化较大，即使是 Mastercam 年代版之前的老用户，也有阅读本书的需要。

作为专业的加工编程软件，Mastercam 2022 的 CAM 模块是其核心应用之一，尤其是数控车削 CAM 模块。为了全面而准确地理解与掌握 Mastercam 2022 软件，对其 CAD 模块的学习也是必要的。为此，本书围绕数控车削编程的需要，讨论了在 Mastercam 2022 软件中快速创建回转体几何模型的方法。

本书以 Mastercam 2022 软件为工具，以数控车削加工为目标，从数控车削加工自动编程的基础出发，引导读者达到数控车床加工编程中级水平。本书书名定位为"基础教程"，未考虑数控车削中心等更高级的编程内容，若仅从通用二维的数控车削编程而言，其知识的全面性足够了，读者阅读完本书必然有这种感觉。

本书共分为 7 章。第 1 章为数控车削加工编程的入门，主要介绍 Mastercam 软件的用户界面、编程的一般流程和后置处理等，即使是有一定 Mastercam 基础的读者，也建议浏览一遍，看一下自己还有哪些知识需要补充。第 2 章则聚焦于 CAD 模块的学习，这里主要围绕数控车削模型的创建展开讨论，其中的建模思想都是针对车削回转体特征的，值得研习。第 3 章介绍 Mastercam 2022 数控车床编程前准备。第 4 ～ 6 章主要讨论数控车削编程。其中，第 4 章介绍的基本指令编程方法，基本能满足实际生产中常见的加工要求，读者学完并掌握后基本能完成实际生产中中等复杂程度车削零件的编程。第 5 章和第 6 章着重于基本编程能力的拓展与提高，第 5 章的循环指令编程对提高与深入了解 FANUC 车削系统的固定循环指令有很大帮助；第 6 章主要是 Mastercam 软件车削编程加工策略的拓展，具有独特且实用的价值。比如，仿形粗车实用性强，动态粗车具有高速切削的特点，切入车削是一种与数控机夹式切槽车刀同时推出的加工方法，它是基于切槽车刀的车削加工，引入了较新的思维方式，而 Prime Turning 全向车削更是具有时代特征的加工策略，即使在实际应用中可能不常使用，但对于专业人士而言，了解这种策略是必要的。第 7 章专为熟悉数控加工工艺的读者设计，其中详细介绍了如何在编程过程中实现各种复杂的加工工艺功能，能进一步激发读者的学习兴趣。

关于本书的阅读学习，虽然也提供了主要的练习文件（用手机扫描前言中的二维码下载），但是作者仍然希望读者能尊重学习规律。从作者多年的教学与学习心得看，任何知识的学习都必须从基础学起，循序渐进，注重实践，有一个逐渐进阶的过程。为此，本书的大部分练习图形与模型均给出了其几何参数，建议读者尽可能不调用练习文件，而是自己亲自动手绘制二维图形。三维实体模型的学习，则建议读者亲自从线框图绘制开始。这样的学习方式，有利于融会贯通地系统掌握该软件的应用。

为方便读者学习，本书提供了配套 PPT 课件，可联系 QQ296447532 获取。

本书在编写过程中得到了南昌理工学院航天航空学院、南昌航空大学，以及中航工业江西洪都航空工业集团有限公司等单位领导的关心和支持，同时感谢这些单位从事数控加工专业同仁的指导和帮助，在此表示衷心的感谢！

尽管本书文稿经过反复推敲与校对，但因作者水平所限，书中难免存在不足之处，敬请广大读者批评指正。

作　者

目　录

1.1　Mastercam 2022用户界面与数控车床模块的进入

1.1.1　Mastercam 2022 的用户界面

Mastercam 2022软件与当下流行的Ribbon微软风格的软件具有相同的启动与操作方式，包括桌面快捷方式、开始菜单启动方式、启动后的操作及界面等。图1-1所示为其数控车床编程操作界面。

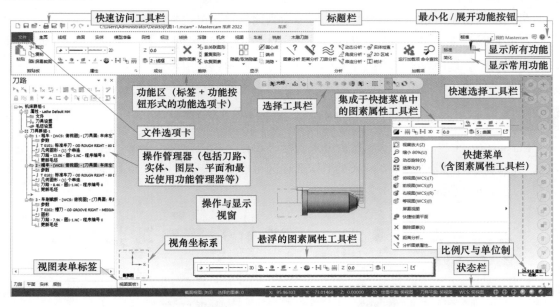

图1-1　Mastercam 2022 数控车床编程操作界面

Mastercam 2022 软件功能区操作界面的上部为标题栏，显示软件版本、文件路径与文件名信息等；左上角为快速访问工具栏，包含软件的基本管理工具按钮；右上角为功能区的最小化/展开功能按钮（ ∧ / ∧ ），可以将功能区最小化/展开；单击功能区左上角的"文件"标签可进入文件选项卡，其中包括文件的新建、打开、保存以及常用的配置和选项设置入口等。

操作管理器（简称管理器）是设计与加工编程常用的操作管理区域，常见的管理器包括刀路、实体、图层、平面、最近使用功能等5个默认的管理器（实际显示可在"视图→管理→…"选项卡中设置和改变），单击下部的标签可进入相应的管理器。

功能区是各种操作的主控面板，其用功能标签管理，单击标签可进入相应的操作功能选项卡，功能选项卡内按不同功能用分割线分块管理，划分成不同的选项区，各功能按钮均包含图标与文字，有些功能按钮还包含下拉菜单图符▼，单击可弹出下拉菜单形式的子功能按钮。右上角功能区模式下拉菜单有"标准"和"简化"两个命令，控制功能区是否显示全部功能按钮。

视窗上部悬浮着选择工具栏，包含光标下拉菜单命令（即临时捕抓方式）的选择，以及自动捕抓设置、坐标点输入和其他选择方式设置选项等。视窗右侧的快速选择工具栏竖向排列了各种过滤选择按钮，可选择过滤方式，针对性地快速选择不同属性的图素等。

单击鼠标右键弹出快捷菜单，默认弹出的是包含图素属性工具栏（也可见功能区）的快捷菜单。功能区的图素属性工具栏可根据操作习惯与需要设置为悬浮状态的工具栏，此时的快捷菜单将不包含图素属性工具栏。悬浮的图素属性工具栏默认布置在视窗底部，可根据需要拖放至其他位置。

视窗右下部的状态栏显示光标的 X 与 Y 轴坐标位置和深度 Z 的信息，2D/3D 绘图平面切换按钮，绘图平面、刀具平面和 WCS 当前状态与切换，几何图形的线框与渲染等显示方式的设置等。状态栏的左侧显示截面视图的打开/关闭状态和图素选择的数量。

另外，视窗左下角为视角坐标系，右下角为比例尺与单位制信息。

状态栏最左侧可开启视图（即视窗）表单标签，用户可创建多个视图，各视图选项卡上可保留不同的视图和平面显示，并通过视图表单标签进行切换与管理。

为减少赘述，有关这些界面的基本操作可参考文献 [2] 等。

1.1.2 — Mastercam 2022 数控车床编程模块的进入

Mastercam 2022 软件启动后默认进入的是"设计"功能模块，单击"机床"标签可进入机床功能选项卡，最左侧的"机床类型"选项区可看到"车床"等 5 个功能按钮，单击相关按钮可进入相应模块，如图 1-2 所示。

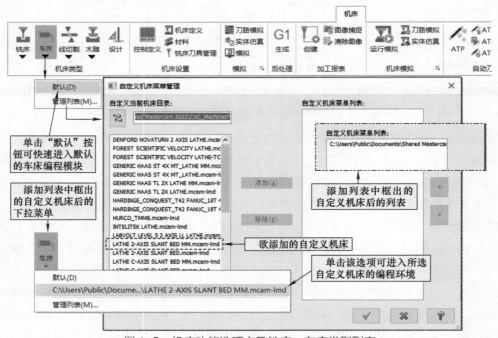

图 1-2　机床功能选项卡及铣床、车床类型列表

　　单击"车床"功能按钮下的下拉菜单图符▼，展开下拉菜单，包含"默认"与"管理列表"两个命令，"默认"命令是系统设置的一个基本机床类型，如无特殊需求，可直接单击该命令进入加工模块，该模块是一个可适用于 FANUC 系统数控车床的编程环境。若单击"管理列表"命令，则会弹出一个"自定义机床菜单管理"对话框，左侧显示系统提供的可供选择的 CNC 机床列表与来源目录地址，选中机床列表中某机床类型后，中间的添加按钮 添加(A) 可用，单击后可将选中的机床类型加入到右侧的"自定义机床菜单列表"中，单击确认按钮 √ ，完成自定义机床的设置。之后，单击"车床"功能按钮下拉列表，即可看见该选中的机床，单击后可快速进入该机床加工编程环境，图 1-2 中显示了添加"LATHE 2-AXIS SLANT BED MM.mcam-lmd"自定义机床的相关结果图解。

　　进入车床加工模块后，系统会自动加载该加工模块的"车削"功能选项卡和"刀路"操作管理器，如图 1-3 所示。

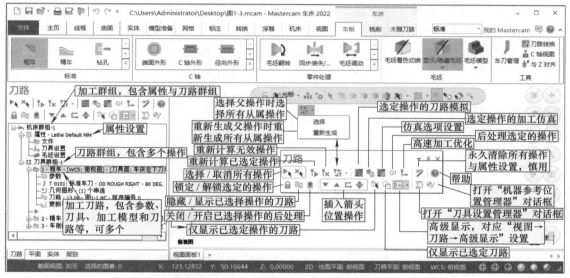

图 1-3　车削编程模块图解

　　"车削"功能选项卡包括"标准""C 轴""零件处理""毛坯"和"工具"等选项区，其中，"标准"选项区是最基本的加工策略选项区，展开后可见 12 个标准加工策略（刀路）、2 个手动刀路、4 个固定循环刀路，下面的"刀路"操作管理器中显示用到了粗车、精车和车削截断三个刀路加工。

　　自动加载的"刀路"操作管理器，默认会建立一个"机床群组 -1"，其中包含一个"属性 -Lathe Default MM"目录节点和一个"刀具群组 -1"目录节点。展开"属性 -Lathe Default MM"节点后，其下一级中的"毛坯设置"选项主要用于加工毛坯的设置，几乎每一次编程均要用到。

　　关于"机床群组"和"刀具群组"的含义，笔者认为应该如此理解：在英文界面下的"机床群组"显示为"Machine Group"，可理解为同一台机床上的多个加工工序的集合，因此可以加工群组表述；而"刀具群组"在英文界面下显示为"Toolpath Group"，显然，刀具群组理解为刀路群组更为贴切。那"刀路"如何理解呢？这里的刀路实际上是某种典型加工方法的刀路模板，通过设置刀路模板中的相关参数，即可完成所设参数的典型刀路。

以"粗车"刀路为例，其"粗车"对话框便可认为是"粗车"刀路模板，对其"刀具参数"和"粗车参数"选项卡的相关参数进行设置并确认后即可生成满足所设参数的粗车刀路。关于刀路，仅理解为程序显示的刀具轨迹那就显得过于浅显，实际上这个刀路包含了"粗车"加工的思想，而粗车相关参数更是包含了编程者对所做粗车加工工艺的设计，因此，这里的"刀路"理解为"加工策略"含义更深，这也就是笔者所写的同类书籍中经常出现"加工策略"一词的缘由。至此，读者对"刀具群组"应该有了一个较为清晰的认识，实际上，刀具群组就是多个加工刀路的集合。注意，关于刀具群组中的各个刀路，在 Mastercam 软件的汉化中常常翻译成"操作"。

关于数控机床加工，其实质是机械制造工艺范畴的知识，那如何与机械制造工艺建立起一种联系呢？笔者的思维是：机床群组可对应零件的"机械加工工艺规程"，而刀具群组对应"工序"，刀路对应"工步"。这些概念读者可阅读机械制造工艺技术中关于这三个术语的定义进行理解。按照这个理解，可看出数控机床加工具有工序非常集中的特点，同时也可以延伸理解出"一个机床群组"下可以有"多个刀具群组"，只是不同的刀具群组对应不同时加工的机床，编程者常常为一个机床群组下的不同刀具群组建立不同的编程文件进行编程，而忽视了一个机床群组下可以有多个刀具群组的问题。

1.1.3 — 车削功能选项卡功能分析

Mastercam 2022 数控车床的基本编程功能主要集中在"车削"功能选项卡中，有 4 个主要选项区。

1. "标准"选项区

"标准"选项区主要集中了基本的数控车削加工策略（加工刀路），如图 1-4 所示。默认的"标准"选项区是折叠起来的，右侧的 3 个操作按钮分别控制刀路列表上、下滚动或展开。展开后有三个分区，"标准"分区的加工策略为典型常用的刀路，下部的"固有"分区的加工策略实际上是固定循环加工刀路，中间的"手动"功能应用不多。

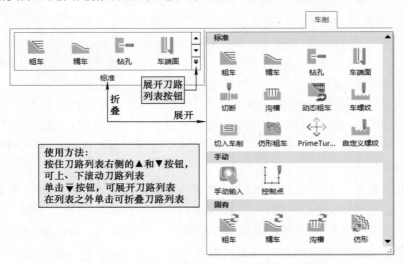

图 1-4 "车削"功能选项卡→"标准"选项区

2."C 轴"选项区

"C 轴"选项区共有 6 个加工策略，主要用于数控车削加工中心的编程，这里不详述。

3."零件处理"选项区

"零件处理"选项区如图 1-5 所示，共有 6 个功能按钮，主要是车削过程中的一些辅助动作，如"毛坯翻转"模拟的是车削加工过程中的"调头装夹"等，这些辅助动作对车削加工刀具轨迹不产生指令，但能参与刀路模拟和实体仿真动作，在自动化程度较高的车削中心等机床上有所应用，普通的数控车床应用不是很多，这部分内容会在第 7 章中专题讨论，读者可根据需求选学。

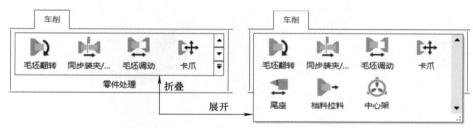

图 1-5　"车削"功能选项卡→"零件处理"选项区

4."毛坯"选项区

"毛坯"选项区主要有"毛坯着色切换◢、显示/隐藏毛坯◢和毛坯模型◆"3 个功能按钮（见图 1-3）。

"毛坯着色切换"和"显示/隐藏毛坯"功能按钮分别用于控制毛坯的"着色/线框"显示切换和毛坯的显示与否操作。图 1-6 所示为图 1-1 中示例——粗车工步的操作，左图的双点画线为粗车后毛坯的线框显示模式，右图为毛坯的着色显示模式，单击"毛坯着色切换"按钮可在这两种显示模式下相互切换。若这时单击"显示/隐藏毛坯"按钮，则可控制毛坯是否显示。

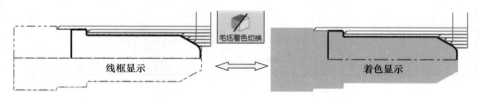

图 1-6　毛坯着色/线框显示图解

"毛坯模型"功能可用于生成加工中间过程的 3D 毛坯，并可导出为独立的 STL 格式的 3D 模型文件，以便后续的毛坯设置等，也可与零件模型比较，通过颜色显示加工误差，图 1-7 所示为"毛坯模型"对话框设置图解。

单击"毛坯模型"功能按钮◆，弹出"毛坯模型"对话框，"毛坯定义"和"原始操作"两个选项用于设置加工毛坯。这里以图 1-7 所示的粗加工为例，讨论毛坯模型的创建。

"毛坯定义"选项设置：在名称文本框中输入"粗车毛坯"，单击"毛坯设置"按钮，提取毛坯设置，可见毛坯预览图形自动变为直径 28.0、长度 80.0 的加工毛坯，必要时可设置毛坯颜色。

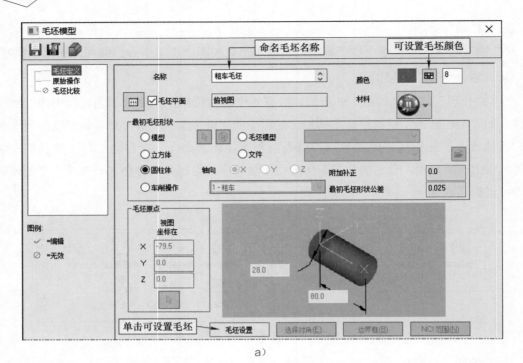

a)

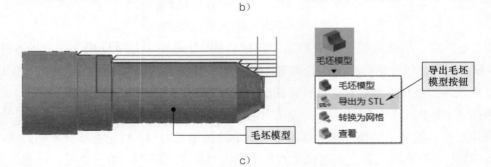

b)

c)

图 1-7 "毛坯模型"对话框设置图解

a)"毛坯定义"选项设置　b)"原始操作"选项设置　c)毛坯模型与导出

"原始操作"选项设置：勾选粗车操作，单击确认按钮 ✓ ，生成毛坯模型，并在"刀路"操作管理器中创建"毛坯模型"操作工步，其可与刀路隐藏操作一样，控制毛坯模型的显示与否。另外，单击"毛坯模型→导出为STL"功能按钮，将该毛坯模型以 *.stl 格式模型文件导出。

1.2 Mastercam软件数控车床编程一般流程

Mastercam 数控加工自动编程大致可分为三个步骤，数控车床编程也不例外，即数字模型的准备（CAD）、加工编程设计（CAM）和后置处理（输出 NC 代码）。其中，加工编程设计（CAM）步骤是关键内容，也是本书主要介绍的内容，图1-8所示为 Mastercam 自动编程流程框图。

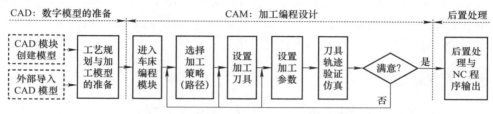

图1-8 Mastercam 自动编程流程框图

1.2.1 CAD：数字模型的准备

从 CAD 模块创建的模型，又称数字模型，简称数模，是数控加工自动编程的基础，加工编程中通过拾取相关加工模型获取加工编程的几何坐标参数，包括 2D 与 3D 模型。各种软件基本具备两种方法获得数模，一是基于软件自身的 CAD 模块设计；二是从外部导入由其他 CAD 软件创建的模型，包括客户提供的数模或其他软件创建的数模。

对于数控车床编程而言，由于加工件为回转体，因此其加工模型可以是零件的母线（2D的线框模型），也可以是 3D 回转几何体。Mastercam 软件具有快速提取回转体 3D 加工模型车削轮廓的功能（"线框→形状→车削轮廓"），若 3D 回转几何体是在 Mastercam 2022 软件中创建的，甚至不用事先提取车削轮廓，该软件会在进入某一刀路时自动弹出"实体串连"对话框，可直接提取加工轮廓，这也是 Mastercam 软件智能化水平的体现。另外，Mastercam 软件数控车床编程中从外部导入的数模文件可以是 AutoCAD 的图形文件（DXF或 DWG 格式），也可以是三维模型常见、通用的 STEP 格式文件，前者是 2D 线框数模，后者是 3D 实体数模。

CAM 设计首先要有一个加工模型，一般可采用设计模型，必要时根据加工的需要增加装夹位等工艺部分。这部分工作仍然可在 Mastercam 设计模块中进行，Mastercam 2017 版以后新增的"模型准备"功能选项卡中的同步建模功能可快速地进行加工模型工艺部分的设计，但其 3D 模型的过程参数将会自动删除，这一点使用时要注意。

1.2.2 CAM：加工编程设计

CAM 用于加工编程设计，包括加工模型的工艺设计与处理、车床加工模块的进入、基本属性的设置、加工策略的选择、刀具选择（或创建）与切削用量的设置、工艺规划与加工参数的设置、刀具轨迹的验证与实体仿真等，其中加工模型的工艺设计与处理的部分工作也有在 CAD 模块中完成。加工编程设计工作是本书的主要讨论内容。

数控车床加工编程模块的进入在上一节已经介绍，即"机床→机床类型→车床→默认"。进入后的车床编程操作界面如图 1-1 所示，此界面左侧的"刀路"操作管理器中展开的属性目录下有一个" **毛坯设置**"图标，单击会弹出"机床群组属性"对话框，其中的"毛坯设置"选项卡可以进行数控编程的毛坯设置，具体操作后续会进一步介绍。

在"刀具群组"目录下，可创建数控加工所需的刀路（加工策略），如粗车、精车、切断等。CAM 加工编程的具体设计工作后续会介绍，此处暂略。

注意，自动编程的实质是"人机交互"，编程过程中用户主要是将对编程的各种要求输入软件系统，系统按预定的规则完成编程设计，这个阶段提供给用户的主要是刀具轨迹，系统一般均有刀具轨迹的动态模拟与实体加工仿真功能，用户不满意可返回重新设置；若对刀具轨迹满意，即可转入下一步的后置处理工作。

1.2.3 后置处理

Mastercam 软件中，上一步生成的刀具路径，是以一个 *.nci 刀路文件记录并存储的，学过数控编程的人都知道，不同的数控系统，其加工程序与指令的格式是不同的，因此必须将 NCI 刀路文件转换为指定数控系统的加工程序（又称 NC 代码或程序），这个过程称为后置处理，其实质是一个计算机程序。如前述进入车床编程环境的"机床→机床类型→车床→默认"命令，默认激活的是一个具有 2 轴 FANUC 车削系统后置处理文件的加工模块。

需要说明的是，准备学习并应用一个数控编程软件，一定要了解其是否具备自己所用机床数控系统所需的后置处理文件，否则，学得再好，也不能实现数控加工。

1.3 Mastercam 2022 数控车床编程示例

下面以例 1-1 的外轮廓车削加工为例介绍数控车削编程模块的操作步骤。

例 1-1

图 1-9 所示零件的加工工艺为：粗车→精车→切断→调头→车端面→点钻孔窝→钻孔。工件坐标系设置在零件右端面中心处。

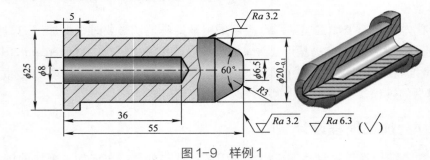

图 1-9 样例 1

下面以其前三步（粗车→精车→切断）为例，介绍数控车削模块的操作步骤。

1 零件结构分析与加工模型的准备。基于 Mastercam 数控车削编程，一般仅需要加工表面的母线——轮廓线 $a \rightarrow b$ 即可（见图 1-10），其中左侧端面线 $O'b$ 和中心线 OO' 可以不绘制。注意，加工模型的工件坐标系必须与系统坐标系重合，即点 a（工件右端面中心）与系统坐标系重合。

关于图 1-9 所示的加工模型，其零件外轮廓形状并不复杂，若有该零件的 AutoCAD 数模，可在 AutoCAD 环境下按图 1-10 所示编辑出零件轮廓线图，然后导入 Mastercam 软件系统，若仅有纸质图，则可直接在 Mastercam 的设计模块中创建 2D 数模。图 1-10 所示的数模创建过程参见图 2-29 的介绍，熟悉 AutoCAD 的读者，也可按 2.3.1 节的介绍获得。

图 1-10 CAD 数模——车削轮廓

2 选择加工类型。启动 Mastercam 软件，默认进入的是设计模块，执行"机床→机床类型→车削→默认"命令，进入车削模块，"刀路"操作管理器中会自动创建一个"机床群组 -1"，包括一个车削属性设置组（属性 -Lathe Default MM）和一个空白的"刀具群组 -1"。

3 加工属性的设置。单击车削属性前面的展开图标，可展开属性列表树，包括文件、刀具设置和毛坯设置三个选项标签，如图 1-3 所示。单击" **毛坯设置** "图标，会弹出"机床群组属性"对话框，默认为"毛坯设置"选项卡（见图 1-11），可设置毛坯、卡爪、尾座和中心架等。以毛坯设置为例，单击"毛坯"选项区右侧的"参数"按钮，弹出"机床组件管理：毛坯"对话框，如图 1-12 所示。在"外径"文本框中输入 28.0，在"长度"文本框中输入 80.0，在"Z"文本框中输入 0.5，单击两次确认按钮 ☑ 完成毛坯设置，设置的毛坯尺寸为 $\phi 28.0mm \times 80.0mm$，毛坯端面留了 0.5mm 的加工余量，如图 1-13 所示。

图 1-11 "毛坯设置"选项卡

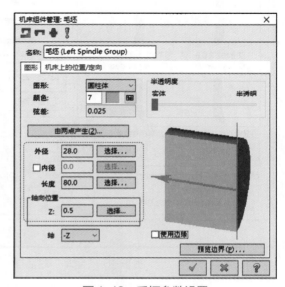

图 1-12 毛坯参数设置

图 1-12 所示的毛坯设置是基于圆柱体的毛坯参数设置，除此之外还可以进行两点设置或实体等设置。

4 加工策略的选择与其参数设置包括加工对象的选取和加工参数的设置等。以下按加工顺序讨论：

① 粗车工步：单击"车削→标准→粗车"功能按钮 ，弹出"线框串连"对话框，在默认"部分串连"按钮 有效的情况下，用鼠标依次拾取加工轮廓起始段和结束段，注意串连起点方向与预走刀路径 $a \rightarrow b$ 方向一致 [即从起点 a（绿色箭头）串连到终点 b（红色箭头）]，如图 1-14 所示。单击确认按钮 ，弹出"粗车"对话框，默认为"刀具参数"选项卡，如图 1-15 所示。选择 T0101 外圆车刀，将其刀尖圆角半径修改为 0.4mm，进给量（见图 1-15 中的"进给速率"项）设置为 0.2mm /r，主轴转速设置为 800r/min，参考点位置设置为（80，160），单击切削液按钮 Coolant...(*) 弹出"Coolant"对话框，单击 Flood 右侧下拉列表框，On 为开切削液，Off 为关切削液。

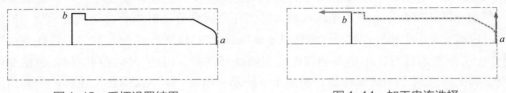

图 1-13　毛坯设置结果　　　　　　　图 1-14　加工串连选择

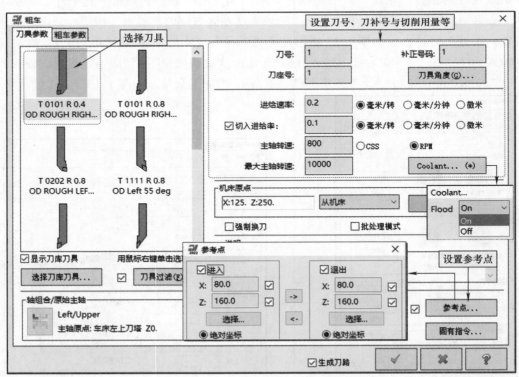

图 1-15　"粗车"对话框→"刀具参数"选项卡

注：软件有时也将"刀补号"翻译成"补正号码"。

单击"粗车参数"标签，切换至"粗车参数"选项卡，如图 1-16 所示。切削深度设置为 1.5mm，X 和 Z 方向精车余量（X 预留量、Z 预留量）设置为 0.5mm，补正类型选"电脑"，补正方向选"右"，单击"切入/切出（L）"按钮，弹出"切入/切出设置"对话框，将切出轮廓线延伸 6mm。其余按默认设置，单击两次确认按钮 ✓ 完成设置，并获得粗车刀具轨迹，如图 1-17 所示。

单击"刀路"操作管理器上部的"刀路模拟"按钮 ≋，可以动态路径模拟切削运动，如图 1-18 所示。单击"实体仿真"按钮 ，可动态实体仿真切削加工过程，如图 1-19 所示。

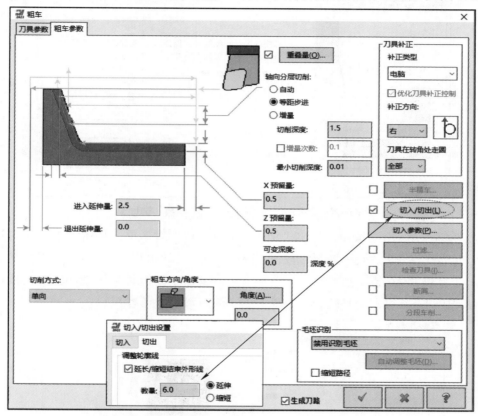

图 1-16　"粗车"对话框→"粗车参数"选项卡

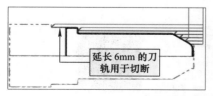
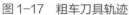

图 1-17　粗车刀具轨迹

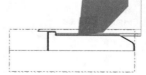

图 1-18　粗车加工刀路模拟

图 1-19　粗车加工实体仿真

为了后续观察方便，在设置完成一道工步后，可单击"切换显示已选择的刀路操作"按钮 ≋，隐藏选中操作的刀具轨迹，下同。

② 精车工步：单击"车削→标准→精车"功能按钮 ，弹出"线框串连"对话框，可按粗车介绍的方法选择精车串连。若精车是接着粗车进行，也可单击选择上次按钮 ，快

速选择与粗车相同的精车串连。单击确认按钮 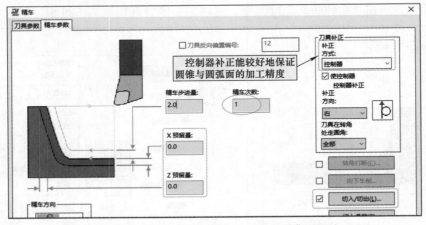，弹出"精车"对话框，其同样有两个选项卡，分别为"刀具参数"与"精车参数"。

"刀具参数"选项卡设置：刀具与粗车相同，只不过进给量设置为 0.1mm/r，主轴转速设置为 1000r/min，仍采用 T01 号刀，但将刀补号改为 11 号，参考点设置同粗车加工。

"精车参数"选项卡设置：补正方式选"控制器"，补正方向选"右"，精车次数设置为 1，X 和 Z 方向精车余量（X 预留量、Z 预留量）设置为 0.0，如图 1-20 所示。

图 1-20 "精车"对话框→"精车参数"选项卡

单击"切入/切出"按钮，弹出"切入/切出设置"对话框（见图 1-21），勾选"切入圆弧"复选框并单击"切入圆弧"按钮，弹出"切入/切出圆弧"对话框，扫描角度设置为 90.0，半径设置为 5.0；在"切出"选项卡中，将退刀角度设置为 90.0。其余按默认设置，设置完成后获得精车刀具轨迹，如图 1-22 所示。实体仿真结果如图 1-23 所示。

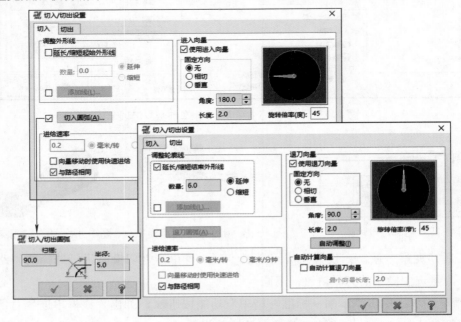

图 1-21 "切入/切出设置"对话框

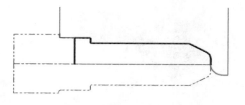

图1-22 精车刀具轨迹

图1-23 精车加工实体仿真

③ 切断工步：首先，隐藏精车刀具轨迹；然后，单击"车削→标准→切断"功能按钮 ，按提示选择切断点 b，会弹出"车削截断"对话框，其设置选项集中在"刀具参数"与"切断参数"两个选项卡中。

"刀具参数"选项卡设置：如图1-24所示，选择4mm宽的右手切断刀（OD GROOVE RIGHT-MEDIUM），刀号和刀补号均设置为3，进给量设置为0.1mm/r，主轴转速设置为160r/min，选中CSS单选按钮（恒限速切削），最大主轴转速设置为3000r/min，参考点设置同粗车加工。注意，该恒切削速度设置所对应的指令如图1-24中所示。

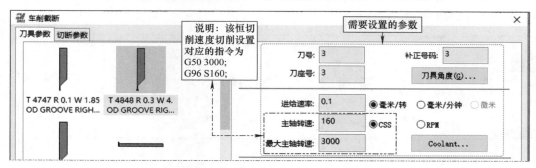

图1-24 "车削截断"对话框→"刀具参数"选项卡

"切断参数"选项卡设置：如图1-25所示，X相切位置设置为0.3，毛坯背面设置为1.0，其余采用默认设置。

图1-25 "车削截断"对话框→"切断参数"选项卡

设置完成后系统自动生成刀具路径。同样，可进行切断加工刀路模拟和实体仿真验证，如图1-26和图1-27所示。

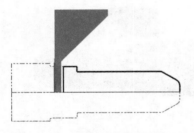

图1-26 切断加工刀路模拟

图1-27 切断加工实体仿真

5 后置处理。前述各操作所生成的刀具路径，记录在 Mastercam 系统的 NCI 格式文件（*.nci）中，其是一个 ASCII 码文件，记录了加工所需的刀具信息、工艺信息及其他参数信息，这种文件并不能被数控机床的数控系统所接受，不同的 CNC 系统，其指令集及其指令等存在差异，为此，需要一个转换程序，将系统的 NCI 格式文件转换为数控机床所能接受的 NC 格式文件，这个转换程序称为后置处理程序，转换过程称为后置处理（Post Processing）。

后置处理是自动编程技术的一项重要内容，目的是为了获得所需数控系统的 NC 程序，操作图解如图 1-28 所示。

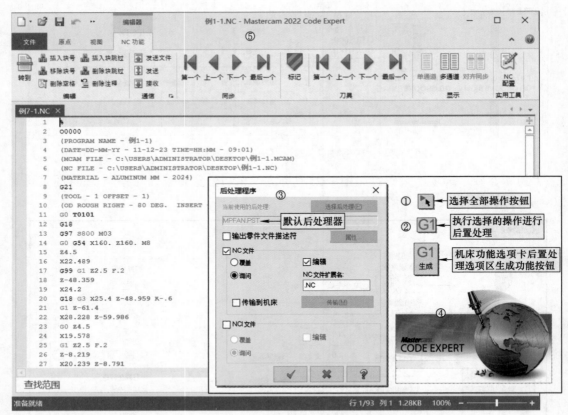

图1-28 后置处理操作图解

首先，单击"刀路"操作管理器上部的选择全部操作按钮（图示①），选中"粗车""精车""切断"3 个工步；然后，单击执行选择的操作进行后置处理按钮**G1**（图示②），弹出"后处理程序"对话框（图示③），采用默认的设置。单击确认按钮，弹出"另存为"对话框（图中未示出），设置 *.NC 文件的保存路径，文件名采用默认的即可，单击"保存"按钮，弹出后置处理进程条（图中未示出），进程完成后，激活系统默认的 Mastercam Code Expert 编辑器，首先弹出编辑器启动图标（图示④），然后闪退并弹出编辑器操作界面（图示⑤），其中包含 NC 程序，同时在存储位置可以看到这个文件。

在 Mastercam Code Expert 编辑器中，标题栏处可以看到程序名"例 1-1.NC"以及编辑器名称"Mastercam 2022 Code Expert"，这个编辑器操作界面与其他微软的操作软件界面相似，上部有功能选项区及其相关选项卡，中部显示后置处理所得的 NC 代码等，其中括号标示的内容是注释，不影响程序的执行，这些代码均可在编辑器中编辑和修改。

Mastercam Code Expert 编辑器的致命弱点是仅有代码，阅读困难，在实际工作中，用户更喜欢采用一款第三方的编辑软件 CIMCO Edit（见图 1-31），该软件不仅代码编辑功能强大，还配有程序对应的刀路轨迹，可实时进行静、动态刀路模拟。

1.4 后置处理与程序编辑技巧

此处以例 1-1 为示例，讨论后置处理问题，随书练习文件提供有该文件。

1.4.1 ─ Mastercam 后置处理与程序编辑器

前述例 1-1 初步介绍了 Mastercam 后置处理操作（见图 1-28），其第 1 步单击的是选择全部操作按钮，输出的是所选中的全部操作，若仅仅是用鼠标点取部分操作，例如仅选择精车操作，则操作过程中会出现操作提示，选择"否"即可，如图 1-29 所示。此操作后置处理生成的仅仅是精车工步的数控程序（NC 程序）。

图 1-29　仅输出部分操作程序图解

另外，从图 1-28 所示的操作可见，其默认激活的是 Mastercam Code Expert 编辑器，这种编辑器使用不便，无刀具轨迹动态显示等功能。实际更多的人会采用一款第三方的编辑软件 CIMCO Edit，其优点使用便知。既然是第三方软件，即要求用户在本地机上预先安装该软件，安装后对 Mastercam 软件进行图 1-30 所示的设置，选择 CIMCO 编辑器，这样下次再执行后置处理，激活的就是 CIMCO Edit 编辑器。

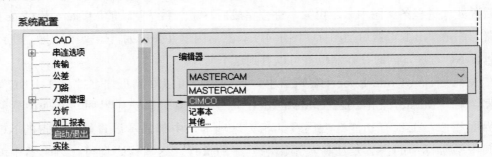

图 1-30　后置处理编辑器设置图解

图 1-31 所示为例 1-1 输出程序激活的 CIMCO Edit 编辑器，该款软件较为易懂，建议读者尝试以下实用功能：

1）仿真功能的开与关，执行"仿真→文件→窗口文件仿真 / 关闭仿真"功能。同时还要注意，单击"仿真→文件 / 其他"选项区右下角的展开按钮 ，弹出的"设置"对话框的"仿真"选项区的"控制器类型"的下拉列表框是数控系统类型的选择，数控车削仿真可选"Fanuc 车床（G-CodeA）"，用于 FANUC 0i 车削系统的仿真。

2）数控程序段编号编辑，执行"数控功能→行号→重排行号 / 删除行号"功能。如单击"数控功能→行号"选项区右下角的展开按钮 ，在弹出的"设置"对话框的"行号"选项区尝试相关设置，编辑的行号将会更好地满足要求。注意："设置"对话框的内容值得多研习。

3）指令查找，单击"编辑器→查找→…"功能区的相关按钮，可快速查找所需的指令。

其他相关功能，请读者自行研习，这里不多赘述。

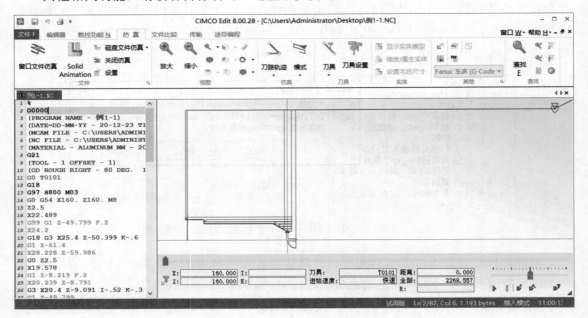

图 1-31　CIMCO Edit 示例

1.4.2 — 程序的阅读与修改

　　CIMCO Edit 程序编辑器可使 Mastercam 输出程序配合刀轨动态仿真，方便阅读与修改，是一种不错的编辑环境。下面就例 1-1 后置处理程序进行说明，默认输出的程序可没有程序段序号，为叙述方便，程序加了序号。

原程序	修改说明
%	程序开始符 %，建议保留
O0000	程序号，按自己需要修改，如 O0101
N10 (PROGRAM NAME - 例 1-1)	括号中的注释可删除
N20 (DATE=DD-MM-YY - 20-12-23 TIME=HH:MM - 16:25)	
N30 (MCAM FILE - C:\USERS\ADMINISTRATOR\ DESKTOP\ 例 1-1_ 后处理 .MCAM)	
N40 (NC FILE - C:\USERS\ADMINISTRATOR\ DESKTOP\ 例 1-1.NC)	
N50 (MATERIAL - ALUMINUM MM - 2024)	
N60 G21	N60 的 G21 为开机默认，可删除
N70 (TOOL - 1 OFFSET - 1)	
N80 (OD ROUGH RIGHT- 80 DEG. INSERT CNMG 12 04 08)	
N90 G0 T0101	N90 中的 T0101 表示调用 1 号刀和 1 号刀补
N100 G18	N100 中 G18 为开机默认，可删除
N110 G97 S800 M3	N110 为切削用量参数，看一下是否合理
N120 G0 G54 X160.0 Z160.0 M8	N120 中出现 G54、M8，起刀点
N130 Z2.5	N130 与 N140 可考虑合并为一个程序段，以斜线快速接近工件
N140 X22.489	
N150 G99 G1 Z−49.799 F0.2	N150 关注一下进给量参数是否合理
N160 X24.2	N160 ～ N430 为系统自动计算坐标点并生成的程序，可以不详细看
N170 G18 G3 X25.4 Z−50.399 K−0.6	
N180 G1 Z−61.4	
N190 X28.228 Z−59.986	
N200 G0 Z2.5	
N210 X19.578	
N220 G1 Z−8.219 F.2	
N230 X20.239 Z−8.791	
N240 G3 X20.4 Z−9.091 I−.52 K−.3	
N250 G1 Z−49.799	
N260 X22.489	
N270 X25.317 Z−48.385	
N280 G0 Z2.5	
N290 X16.667	

原程序	修改说明
N300 G1 Z−5.697 F0.2	
N310 X19.578 Z−8.219	
N320 X22.406 Z−6.804	
N330 G0 Z2.5	
N340 X13.756	
N350 G1 Z−3.176 F.2	
N360 X16.667 Z−5.697	
N370 X19.495 Z−4.283	
N380 G0 Z2.5	
N390 X10.844	
N400 G1 Z−.881 F.2	
N410 G3 X11.935 Z−1.6 I−2.572 K−2.518	
N420 G1 X13.756 Z−3.176	
N430 X16.584 Z−1.762	N430 可考虑增加关闭切削液指令 M9
N440 G0 X160.	N440 与 N450 可考虑合为一个程序段，斜线退回起刀点
N450 Z160.	
N460 T0111	N460 更换了刀补号，可用于精车调整
~~N470 G18~~	N470 的 G18 可考虑删除
N480 G97 S1000	N480 增加了转速，用于精车
N490 G42	N490 ～ N510 可考虑合并为一个程序段，并加入 M8
N500 Z5.	
N510 X−10.	N520 关注一下精车进给量是否合理
N520 G18 G2 X0. Z0. I5. F.1	N520 的 G18 可删除
N530 G1 X6.5	N520 ～ N590 为刀具运动，基本可不看
N540 G3 X11.696 Z−1.5 K−3.	
N550 G1 X20. Z−8.691	
N560 Z−50	
N570 X25.	
N580 Z−61.	
N590 G40 X29.	N590 可考虑增加关闭切削液指令 M9
N600 G0 X160.	N600 ～ N610 可考虑合并为一个程序段
N610 Z160.	N620 为返回参考点动作，可删除，但要保留
N620 ~~G28 U0. V0. W0.~~ M5	M5 停转主轴
N630 T0100	N630 取消 1 号刀具的刀补
~~N640 M01~~	N640 ～ N660 可删除
~~N650 (TOOL - 3 OFFSET - 3)~~	
~~N660 (OD GROOVE RIGHT MEDIUM INSERT N151.2- 400-40-5G)~~	
N670 G0 T0303	N670 调用 3 号切断刀
~~N680 G18~~	N680 的 G18 可删除

原程序	修改说明
N690 G97 S318 M3	N690 为起动主轴，为后续转恒线速度切削做准备
N700 G0 G54 X160.0 Z160.0	
N710 G50 S3000	N710～N720 为恒线速度指令习惯用法
N720 G96 S160	
N730 Z−60.0	N730 与 N740 合并为一个程序段，并增加 M8
N740 X33.0	
N750 G1 X29.0 F0.1	N750 关注一下进给量是否合理
N760 X0.0	N760～N780 为刀具运动，基本可不看
N770 X4.0	N780 增加 M9
N780 G0 X29.0	
N790 X160.0	N790 与 N800 合并为一个程序段
N800 Z160.0	N810 的 G28 指令删除，M5 可移至上一段的退刀点程序段
N810 ~~G28 U0. V0. W0.~~ M5	
N820 T0300	N820 为取消刀补，与 N670 配套使用
N830 M30	N830 的 M30 预示着程序结束
%	程序结束符 %，与开始符对应保留

修改后重排程序段序号的程序如下：

```
%
O0101
N10 G0 T0101
N20 G97 S800 M3
N30 G0 G54 X160.0 Z160.0
N40 Z2.5 X22.489 M8
N50 G99 G1 Z−49.799 F0.2
N60 X24.2
N70 G18 G3 X25.4 Z−50.399 K−0.6
N80 G1 Z−61.4
N90 X28.228 Z−59.986
N100 G0 Z2.5
N110 X19.578
N120 G1 Z−8.219 F0.2
N130 X20.239 Z−8.791
N140 G3 X20.4 Z−9.091 I−.52 K−0.3
N150 G1 Z−49.799
N160 X22.489
N170 X25.317 Z−48.385
N180 G0 Z2.5
N190 X16.667
N200 G1 Z−5.697 F.2

N210 X19.578 Z−8.219
N220 X22.406 Z−6.804
N230 G0 Z2.5
N240 X13.756
N250 G1 Z−3.176 F0.2
N260 X16.667 Z−5.697
N270 X19.495 Z−4.283
N280 G0 Z2.5
N290 X10.844
N300 G1 Z−.881 F0.2
N310 G3 X11.935 Z−1.6 I−2.572 K−2.518
N320 G1 X13.756 Z−3.176
N330 X16.584 Z−1.762 M9
N340 G0 X160.0 Z160.0
N350 T0111
N360 G97 S1000
N370 G42 Z5. X−10.0 M8
N380 G18 G2 X0.0 Z0.0 I5.0 F0.1
N390 G1 X6.5
N400 G3 X11.696 Z−1.5 K−3.0
N410 G1 X20. 0Z−8.691
N420 Z−50

N430 X25.0
N440 Z−61.0
N450 G40 X29.0 M9
N460 G0 X160.0 Z160.0
N470 M5
N480 T0100
N490 G0 T0303
N500 G97 S318 M3
N510 G0 G54 X160.0 Z160.0
N520 G50 S3000
N530 G96 S160
N540 Z−60.0 X33.0 M8
N550 G1 X29.0 F0.1
N560 X0.0
N570 X4.0
N580 G0 X29.0M9
N590 X160.0 Z160.0 M5
N600 T0300
N610 M30
%
```

总结以上可见，修改程序要注意以下几点：

1）程序名可按自己的要求进行修改，如本例可改为 O0101。

2）括号中的注释一般不需要保留，因为进入机床 CNC 系统后会成为乱码。

3）程序开始出现的指令 G21、G0、G17、G40、G49、G80、G90 一般为开机默认，保留与否对程序加工影响不大，取决于个人习惯。

4）工件坐标系可以用 G54 设定，也可以用刀具指令设定，如 N10 和 N30。若用刀具指令 T0101 设定，则可删除 G54；若用 G54 指令设定，则刀具指令中的刀补值不同。这些概念要求清楚，否则程序上机床还可能出问题。

5）阅读数控车削程序时要对照刀轨观察，如起（退）刀点一般为较安全点，且每一把刀具均从这一点出发并在加工完成后返回这个点。由于这个点较安全，因此程序中返回机床参考点指令 G28 U0.0 V0.0 W0.0 就显得多余。

6）阅读程序可以刀具调用指令出发，重点阅读如何快速移动至工件附近，如何建立工件坐标系，何时起动主轴，进给量是否合理，是否用到刀尖圆弧半径补偿，刀补值在哪里设置，如何设定具体值，中间切削部分的刀具移动指令（因为是系统计算确定的，一般可不看），最后要注意从哪一点返回退刀点。

7）注意，很多指令是成对出现的，如调用刀补与取消刀补指令、起动主轴与停止主轴指令、切削液的开与关指令、刀尖圆弧半径补偿的启动与取消指令等，刀具指令有 T0303 就会有 T0300。不仅要注意是否漏写，还要注意指令出现的位置，如切削液开启指令 M8，系统默认出现在起刀点，而本人认为放置在接近工件开始切削前更好，可减少切削液的飞溅；但显然，切削液关闭指令 M9 应放到离开工件切削后，快速返回退刀点前。

8）修改程序前最好对指令与程序结构进行熟悉，能做到看到指令就浮现出机床动作最好，如 N590 的 M5 为主轴停转指令，而 N610 的 M30 为程序结束指令，其包含主轴停转的功能，因此，这个 M5 是否存在对机床的动作几乎无影响。再如，系统默认从起刀点出发快速接近工件和从工件快速返回退刀点的动作均是走直角轨迹，虽然安全性好，但用时略长，若将其改为斜线动作似乎更好。注意修改后的 N40 和 N340、N370 和 N460 以及 N540 和 N590 的刀轨与刀轨的比较。

总而言之，要想修改好 NC 程序，必须熟悉机床 CNC 指令集及其加工设置等，否则很难修改得好。

💡 **提示**

修改程序的过程就是一个阅读程序的过程，建议联系自己使用的机床练习。

1.4.3 几点讨论

1. G 指令与 M 指令代码前"0"是否省略问题

Mastercam 2022 软件安装完成后，数控车削编程默认进入的编程环境，其后置处理程序 MPLFAN.PST 输出的 NC 程序默认省略 G 指令和 M 指令代码的前"0"，即 G00/G01/ G02/G03/G04 均输出为 G0/G1/G2/G3/G4，M03/M04/M05/M06/M08/M09 等均输出为 M3/ M4/M5/M6/M8/M9 等，初识 Mastercam 软件的人可能觉得别扭，习惯就好了，这不影响机床数控系统的读取与执行程序。如若过于较真，可参考文献 [1] 和 [5] 对后置处理程序进行修改。

2.　圆弧指令 G2/G3 的 IJK 与 R 输出

圆弧插补指令 G2/G3 的格式有圆心坐标（IJK）编程和圆弧半径（R）编程两种，简称为 IJK 编程和 R 编程，前者通用性较好（如西门子系统和 Fanuc 系统的 IJK 编程格式均相通），而后者的可读性较好。后置处理程序 MPLFAN.PST 默认输出的是 IJK 编程，若读者想要输出 R 编程格式，则自行设置。G2/G3 后置处理输出 R 编程格式圆弧指令设置图解如图 1-32 所示，设置方法如下：

1 单击"机床→机床设置→机床定义"功能按钮 ，弹出"机床定义文件警告"对话框，单击确认按钮，弹出"机床定义管理"对话框。（注意：进入铣床加工模块弹出的对话框的设置略有差异）

2 单击控制定义按钮 ，弹出"控制定义"对话框。

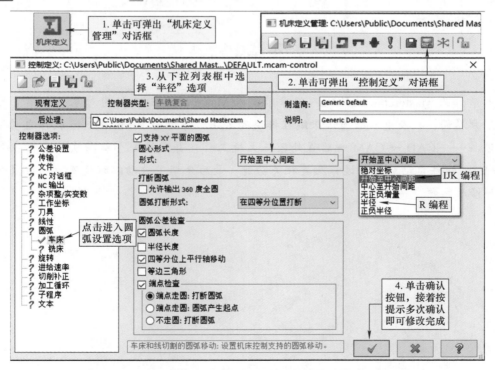

图 1-32　G2/G3 后置处理输出 R 编程格式圆弧指令设置图解

3 在"控制定义"对话框中，单击"圆弧"标签，进行圆弧设置，在"圆心形式"选项区域，单击下拉列表框并选择"半径"选项。[注意：默认设置"开始至中心间距"选项为圆心坐标（IJK）编程格式设置]

4 单击确认按钮 ✓ ，接着按提示多次确认即可修改完成。

在图 1-32 所示的对话框中，除了"圆心形式"选项设置，其他选项设置按文字提示配合后置处理输出 NC 程序观察即可理解。

3. 切削液开与关指令 M8/M9 的处理

程序中是否出现切削液开与关指令 M8/M9 取决于系统的设置。如上述程序后置处理时就默认输入了 M8 指令，若回到图 1-15 中单击切削液按钮 Coolant... (*) 弹出"Coolant"对话框，可见 Flood 选项为 On，若将其改为 Off，则这里的操作不会出现 M9 指令。当然，若要每次后置处理均不输出 M8/M9，则必须对后置处理程序 MPLFAN.PST 进行修改，具体可参考文献 [1] 和 [5]。

4. 程序段结束指令";"的处理

在进行手动编程程序段格式学习时，常常提到程序段最后有一个程序结束符";"（半角分号），而前述例 1-1 输出的 NC 程序中，每个程序段后均不见这个程序结束符";"，其实这个结束符表示 CNC 系统执行程序时，分号后面的注释等被忽略。显然，没有注释的情况下没有分号是不影响程序执行的。当然，若想后置处理输出程序时的程序段带有这个分号，也可以对后置处理程序进行设置，具体可参考文献 [1] 和 [5]。

本章小结

本章作为 Mastercam 软件的入门章节，以 Mastercam 2022 版为对象，介绍了其启动后的用户界面，以及进入数控车床编程模块的方法，并讨论了 Mastercam 软件自动编程的一般流程——CAD → CAM →后置处理三大块工作，并通过一个编程实例，初步介绍了 Mastercam 软件自动编程全过程及其相关功能。最后介绍了自动编程绕不开的后置处理及其程序修改问题。

2.1 概述

与所有自动编程软件相同，Mastercam 2022 数控车床自动编程也是基于 CAD 模型提取几何参数，其几何模型的创建有两种方法——从 Mastercam 软件的设计模块创建和从其他 CAD 软件创建模型后导入 Mastercam 软件。

2.2 从 Mastercam 设计模块创建模型

Mastercam 软件启动后默认进入设计模块，数控车床模型创建主要涉及的功能包括 2D 线框绘制和 3D 实体建模，以及这些模型的编辑功能等。数控车削回转体加工的特点，决定了数控车削编程线框与实体模型的创建相对简单，这里主要讨论数控车削编程模型创建常用的功能和方法。

2.2.1 2D 线框图形绘图操作基础

1. 选择工具栏操作

选择工具栏位于视窗上部，如图 2-1 所示。

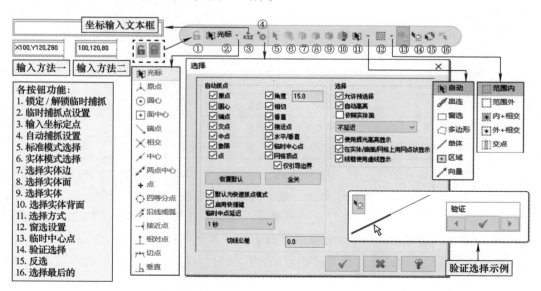

图 2-1 选择工具栏

选择工具栏提供了丰富的图素选择功能，其中图标按钮右侧的三角形图符▼表示有下拉工具按钮。这里先介绍部分常用的选择，其余后续用到时介绍。

（1）坐标输入文本框　单击输入坐标定点按钮，弹出坐标输入文本框，可输入坐标值精确指定坐标点。常见的输入方法是按顺序输入 X、Y、Z 坐标值，各坐标值之间用半角逗号分隔（也可以仅输入 X、Y 坐标值），如图 2-1 中的输入方法二所示。高级的输入方法是用坐标字母"X""Y""Z"加坐标值的方法输入，其坐标值可以是数字、运算式 [如 X（2*3）Y（5-2）Z（1/2）] 等。也可两种方法混用，这时也要用半角逗号分隔，如"6,3,5""X6,3,5""6,Y3,5""6,3,Z5"。

Mastercam 软件默认记住最近一次输入的坐标值，因此，不变的坐标值可以不输入，只输入需要修改的字母与坐标值，并按回车键即可。

坐标输入文本框除鼠标操作外，在点输入提示下，还可按空格键直接激活。若在"选择"对话框中勾选"默认为快速抓点模式"复选框，则可直接按数字键激活坐标输入文本框并输入数字。

（2）自动捕抓特定点　与其他 CAD 软件一样，Mastercam 软件也具有捕抓点功能，且有临时捕抓点和自动捕抓点两种。

通过光标按钮的下拉菜单可设置临时捕抓特定点操作，其捕抓功能仅有效一次，但如果捕抓前单击锁定临时捕抓按钮锁定，则可多次捕抓。

单击自动捕抓设置按钮，弹出"选择"对话框（这里的选择即捕抓），可设置自动捕抓点选项，基本的操作是"全关"与"恢复默认"，全关模式临时捕抓依然有效，且更容易有针对性地捕抓。

自动捕抓模式下，系统会根据光标与特定点之间的距离自动磁吸并弹出光标提示图符（见表 2-1），此时单击即可捕抓该特定点。注意：自动捕抓模式下，若按住 [Shift] 键并单击自动捕抓点，会弹出坐标指针，可应用指针定义相对位置点，按回车键可确定相对捕抓点的位置点（见图 2-7）；若按住 [Ctrl] 键不放，则暂时屏蔽自动捕抓点功能。

表 2-1　自动捕抓特定点的光标提示图符

	原点		中点		水平 / 垂直		实体面
	圆弧中心（圆心）		点		相切		实体
	端点		四等分点		垂直		
	交点		接近点		实体边		

全关自动捕抓功能环境下，可用临时捕抓点功能抓点，这时仅须单击光标按钮，在下拉菜单中选定所需捕抓的特定点命令，然后用鼠标在绘图区选取相应图素。

（3）选择方式设置　单击选择方式按钮，可见系统提供了多种选择图素的方式，默认的"自动"方式是窗选与单体的多种选择方式，其他选择方式简述如下：

"串连"方式：鼠标拾取一个首尾相连的多段线时，仅须拾取其中一段即可串连选中全部。

"窗选"方式：按住鼠标左键拖动绘制一个矩形窗口，再次单击确定窗口大小与位置，基于这个窗口选择图素。

"◻多边形"方式：鼠标拾取多点形成多边形，双击（或按回车键）完成多边形，基于这个多边形窗口选择图素。

"╱单体"方式：鼠标拾取选择一个图素。当然，可连续多次选择。

"⊞区域"方式：主要用于多个封闭图形的选择，只须在封闭图形内部单击即可选中整个封闭图形，多个封闭图形允许嵌套与交叉。

"╱向量"方式：通过绘制一条连续多段的折线选择图素，所有与折线相交的图素都将被选中。

（4）窗选设置　窗选设置是配合上述窗选与多边形方式增加的选择设置，按钮为▦▾，包括：范围内、范围外、内＋相交、外＋相交与交点 5 种方式。

"▦范围内"方式：矩形与多边形窗口范围内的图素被选中。

"◻范围外"方式：矩形与多边形窗口范围外的图素被选中。

"▨内＋相交"方式：矩形与多边形窗口范围内以及边线相交的图素被选中。

"▣外＋相交"方式：矩形与多边形窗口范围外以及边线相交的图素被选中。

"▥交点"方式：矩形与多边形窗口边线相交的图素被选中。

（5）验证选择　验证选择按钮▨是一个"开／关"切换按钮，单击可在这两种状态之间切换。当鼠标点取选择多个重叠的图素时，系统无法判断具体选择哪个图素，若单击开启验证选择按钮▨，则会弹出"验证"对话框，单击左或右切换按钮◀或▶，重叠图形之间将不断高亮切换显示，单击确认按钮✓可选择所需的图素。例如图 2-1 右下角的两条重叠直线，在开启验证选择按钮▨状态下，单击图示位置，则会弹出"验证"对话框。

（6）实体选择　图 2-1 中序号⑥～⑩所述按钮是实体模式选择按钮，使光标悬停会弹出按钮功能说明。

2．快速选择按钮操作

在视窗右侧竖排了一列快速选择按钮，如图 2-2 所示，通过限制条件选择所需图素（即选择全部）或屏蔽所选图素之外的图素（即仅选择），快速筛选所需的图素。

快速选择按钮大部分为双功能按钮，用左斜杠分割，左上部为选择全部（Select All），右下部为仅选择（Select Only），仅选择只能选择限定的图素，即使窗选全部图素结果也相同。光标悬停在按钮上时，相应功能区颜色会变深同时弹出按钮功能提示，如图 2-2 上部的直线按钮示例。单击双功能按钮左上部的选择全部按钮，系统会按条件在窗口中全部选中，而单击右下部的仅选择按钮，则须操作者用鼠标在图形窗口中拾取，不符合条件的图素是无法拾取到的。单击选择全部／仅选择按钮⊘／⊘，可弹出选择全部／仅选择对话框，通过限定条件即可快速筛选图素。

以上快速选择按钮涉及内容较多，读者可通过操作体会，个别按钮的功能可能会有差异，如最下部的按钮⊘，左上部实际是清除窗口中的选择结果（类似于按键盘上的 [Esc] 键），右下部是清除以上快速选择按钮的选择设定。另外，注意这些快速选择按钮均为"开／关"型的，单击可在开与关之间切换。快速选择按钮的数量可通过"文件→选项"命令激活的"选项"选项卡的"快速限定"选项区设置。

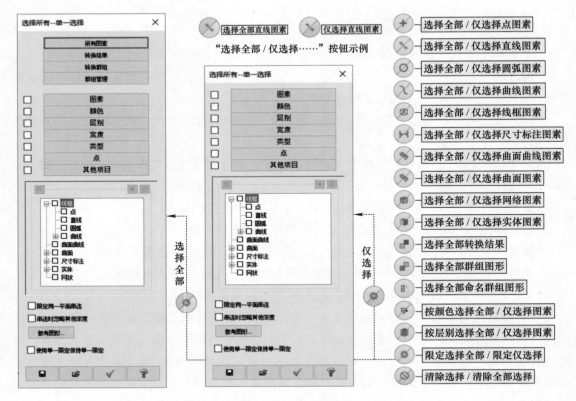

图 2-2　快速选择按钮

3. 图素属性操作

图形又称图素，包括点、线、面、体等几何特征，图素属性指其样式（又称类型或型式）、颜色、线宽、层别等，其操作主要包括设置、编辑与修改等。

图素属性的使用频率极高，在快捷菜单上部或视窗中，以及"主页"功能选项卡的"属性"与"规划"等选项区均可操作，其操作方法基本相同，这里以"主页→属性"选项区的图素属性操作按钮为例进行介绍。

图 2-3 所示为图素属性操作，包括"主页"功能选项卡的"属性"与"规划"选项区的相关设置按钮。说明如下：

1 点、线样式和线宽设置均为下拉列表设置，注意 Mastercam 的线宽设置不能精确地指定数值。

2 线框、实体、曲面、网格的颜色亦为下拉列表设置，其调色板相同，有"默认颜色""标准颜色"和"更多颜色"三项可供选用。

3 单击"属性"选项区右下角的展开按钮，会弹出的"图素属性管理"对话框（图中未示出），可综合设置图素属性。

4 清除颜色按钮 ：单击可将经过转换操作改变颜色的图素恢复为原设置颜色。

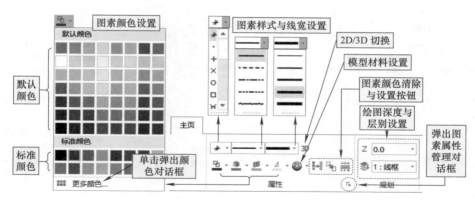

图 2-3　图素属性操作

5 依照图形设置按钮🖳：单击会弹出操作提示"从中选择图素以获取主要颜色、层别、样式和线宽"，拾取图素可将其颜色、层别、样式、线宽设置为当前属性。

6 设置全部按钮🖳：单击会弹出操作提示"选择要改变属性的图素"，鼠标拾取欲改变属性的图素，按回车键，弹出"属性"对话框（图中未示出），可同时对图素的颜色、线和点样式、层别、线宽等多个属性进行设置与修改。

7 3D/2D 切换按钮 **3D** / **2D**：这是一个 3D 和 2D 绘图模式切换按钮，三维绘图时，必须切换至 2D 模式，才能在指定的构图深度平面上绘制二维图形。该按钮也可在状态栏中看到。

8 绘图平面深度设置区 Z `0.0`：单击字母"Z"，弹出操作提示"为新的绘图深度选择点"，鼠标捕抓三维模型中的某一点，可将该点 Z 轴坐标值设置为当前构图深度值（可看到右侧文本框的数值变化）。也可直接在文本框中输入绘图深度值。单击文本框右侧按钮▼会弹出下拉列表，可选择最近使用过的深度值。该按钮也可在状态栏中看到。

9 更改层别按钮 `1：线框`：具有"移动"或"复制"图素和指定绘制图素的层别两种功能。"移动"或"复制"图素操作为：先在"层别"管理器列表号码栏中单击欲设置层别的号码栏，将其设置为主层别，然后单击更改层别按钮上左侧的图标🗂，弹出操作提示"选择要改变层别的图形"，鼠标拾取欲更改层别的图素，按回车键，弹出"更改层别"对话框（图中未示出），可实现层别的移动、复制等操作。指定绘制图素的层别可在"层别"管理器中单击层别号码数字，数字前有符号"√"，表示其为主图层，此时更改层别按钮上的右侧文本框显示的便是绘制图素的主层别。

2.2.2 ─ 数控车床编程 2D 图形的绘制与修剪

"线框"功能是二维图形绘制的基础，内容包括绘制点、线、圆弧、曲线、常见形状、（曲面实体上的）曲线和修剪等，这些功能集中在"线框"功能选项卡中，如图 2-4 所示。可见其功能较多，以下仅介绍主要功能，未尽部分读者可在学习中逐渐研习。右上角的功能区模式可选择为"简化"，减少选项卡的功能按钮数量。

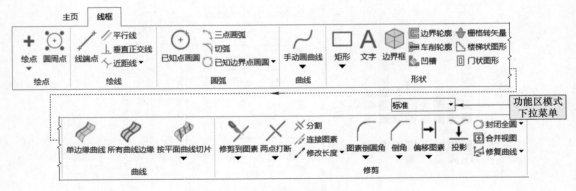

图 2-4 "线框"功能选项卡

1. 点的绘制

点是最基础的几何图素，Mastercam 2022 的点绘制功能按钮布局在"线框→绘点"选项区，绘点功能按钮如图 2-5 所示。

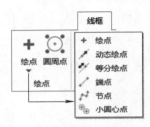

图 2-5 绘点功能按钮

绘点功能包含 6 种绘制点的方法，单击相关绘制点按钮会弹出相应的操作提示与功能管理器。

"绘点"是基本的绘制功能，单击按钮 ✛ 绘点 会弹出"绘点"管理器和操作提示"绘制点位置"，如图 2-6 所示。

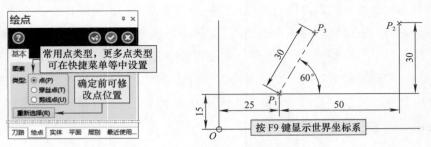

图 2-6 "绘点"管理器及绘制点示例

1 任意点：用鼠标在绘图区任意点单击即可。

2 指定坐标点：单击选择工具栏上的输入坐标点按钮 ⬚，激活坐标输入文本框，输入指定点坐标绘制点，坐标输入方法参见图 2-1。

3 自动捕抓点：在"选择"对话框设置自动捕抓点的类型（参见图 2-1），绘图时可用光标快速捕抓这些设置类型的点。

4 临时捕抓点：从光标按钮 的下拉菜单中选择临时捕抓点类型，绘图时可用光标快速捕抓这些点。临时捕抓点操作参见图 2-1 及其说明。

图 2-6 所示绘制点示例包括：绘制坐标原点 O（临时或自动捕抓点），指定坐标点 P_1（25，15），相对 P_1 点的直角坐标相对点 P_2（50，30）以及极坐标相对点 P_3（30，60°）。绘制原点、指定点和相对点示例图解如图 2-7 所示，其中点样式设置未示出，注意动态点绘制必须在几何体操作模式下进行。提示：绘制 P_2 和 P_3 点时，试一下按住 [Shift] 键捕抓 P_1 点弹出指针的效果。

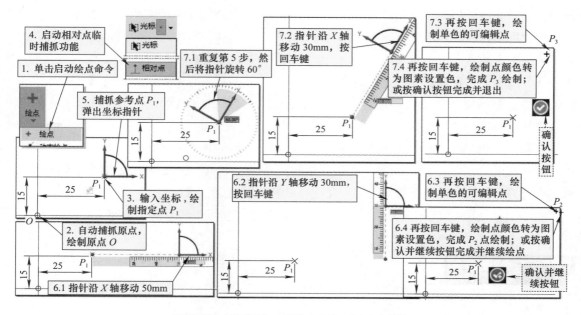

图 2-7　绘制原点、指定点和相对点示例图解

其他点的绘制方法可按操作提示练习，图 2-8 所示为点的绘制示例，可供参考。若调用随书提供的练习文件，则可隐藏点层别来进行绘制点练习，再开启点层别对照。也可应用快速选择工具栏选择全部点按钮，一次性地删除点再练习绘制点。

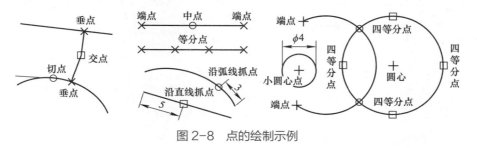

图 2-8　点的绘制示例

2．直线的绘制

两点连线是单一线段，多个单一线段相连是连续线。两端点 Y 坐标值相等的直线称为水平线，两端点 X 坐标值相等的直线称为垂直线。直线与直线之间的几何关系包括平行、垂直、相交等，两相交直线之间存在角平分线，直线与曲线之间存在相切线和近距线。

图 2-9 所示为绘制直线功能按钮，位于"线框→绘线"选项区，包含线端点、平行线、垂直正交线以及一个下拉功能菜单，其中包含 6 个功能按钮——近距线、平分线、通过点相切线等。绘线功能的起点与终点的指定实质上是绘点功能的应用，可充分利用系统提供的点指定方式，如坐标指定与捕抓功能等。

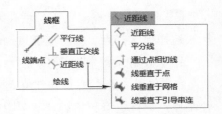

图 2-9 绘制直线功能按钮

"线端点"原意为两个端点的连线，又称两点线，因此线端点功能是基于两点绘制直线，是基本的直线绘制功能，单击"线端点"功能按钮 ✏，激活线端点绘制模式，系统弹出"线端点"管理器，同时弹出操作提示"指定第一个端点"，指定第一个端点后，系统接着提示"指定第二个端点"，指定第二个端点后即完成两点线的绘制。

在"线端点"管理器中可见线的类型有水平线、垂直线和任意线，其任意线可勾选"相切"和"自动确定 Z 深度"。绘制线的方式有两端点、中点和连续线，其中选择"中点"绘制直线时的第一点为线的中点。

绘制直线的第二点时可鼠标拾取或在"尺寸"选项区中锁定长度和角度值确定，确定第二点后可看到一条淡蓝色的预览直线，此时，单击"端点"区域下的数字按钮 1 或 2 可对端点位置进行修改，单击管理器右上角的确认按钮 ✓ 完成直线绘制。

图 2-10 所示为"线端点"绘制直线示例，练习步骤按操作提示研习即可。

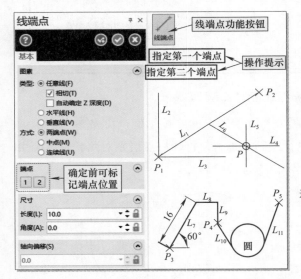

说明：

L_1：起点为 P_1、终点为 P_2 的任意线；

L_2：起点为 P_1、终点为 P_2 的垂直线；

L_3：起点为 P_1、长度为 20mm 的水平线；

L_4：中点为 P、长度为 20mm 的水平线；

L_5：中点为 P、终点为 L_1 段中点的垂直线；

L_6：中点为 P、终点为 L_1 段中点的任意线；

$L_7 \sim L_{10}$："角度 - 水平 - 垂直 - 切线"的连续线，起点为 P_3、过点 P_4、终点与圆相切的直线；

L_{11}：起点为 P_5、与圆相切的直线。

图 2-10 "线端点"绘制直线示例

例如，绘制直线 L_2 的步骤为：

1 单击"线框→绘点→线端点"功能按钮 ✏，启动线端点绘制功能。系统弹出"线端点"管理器，同时弹出操作提示"指定第一个端点"。

2 设置管理器参数选项。选择"垂直线""两端点"并开启"尺寸"选项区的长度与角度锁。

3 捕抓 P_1 为第一个点，捕抓 P_2 为第二个点。

4 单击确认并继续按钮⊙，继续绘制直线；或单击确认按钮⊙完成绘制直线。在此示例根据后者完成直线 L_2 的绘制。

其他直线的绘制方法基本相同，读者可参照操作提示与功能管理器的设置尝试完成，注意充分利用捕抓功能。图 2-11 所示为其他常用的直线绘制示例，供读者研习。

图 2-11　直线绘制示例

3．圆与圆弧的绘制

圆（Circle）与圆弧（Arc）是实际中常见的基本几何图形，与圆心一定距离的点围绕圆心旋转 360° 的运动轨迹是一个整圆，简称圆，而旋转角度小于 360° 的运动轨迹称为圆弧。Mastercam 提供了大量的绘制圆和圆弧的方法。圆与圆弧的功能按钮布局在"线框→圆弧"选项区，如图 2-12 所示。其中，右下角有一个下拉菜单图标▼，单击会弹出下拉菜单，有 4 种绘制圆和圆弧的指令。

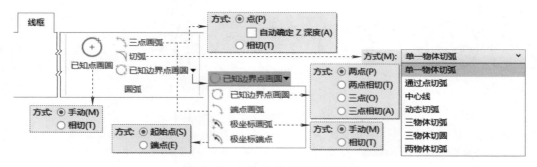

图 2-12　圆与圆弧绘制功能按钮

图 2-13 所示为基础的"已知点画圆"功能操作示例。图 2-13a 所示为绘制已知"圆心＋半径"圆的操作图解，绘制过程中有几个圆要注意。一是拾取圆心后会出现的一个随鼠标光标移动而变化的虚圆，在功能管理器中，"半径"和"直径"值随鼠标移动圆的大小而变化，可指导操作者大致确定圆的大小；二是大致确定位置后单击鼠标左键，出现的一个淡蓝色的圆，这时圆的参数可以编辑；三是输入所需的半径或直径得到的深色结果圆，或直接按回车键后淡蓝色圆转为的深色结果圆。图 2-13b 所示为绘制已知圆心与图素"相切"圆的示例，其中已知直线 L 和圆弧 A，要绘制已知圆心点 P 与直线或圆弧相切的圆，这时圆的直径与圆心和相切图素位置有关。按回车键可完成圆的绘制。

其他圆与圆弧的绘制方法依据操作提示以及图形特征等即可绘制，图 2-14 所示为部分圆与圆弧的绘制示例，可供学习参考。

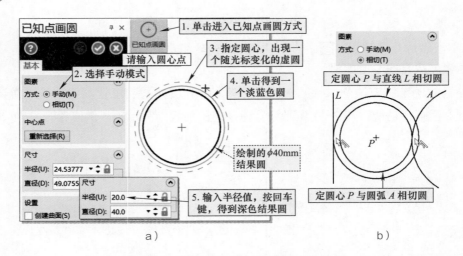

图 2-13　基础的"已知点画圆"操作示例

a）绘制已知"圆心＋半径"圆的操作图解　b）绘制已知圆心与图素"相切"圆的示例

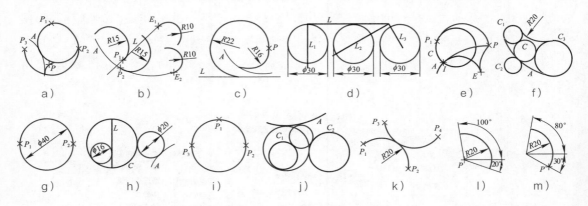

图 2-14　部分圆与圆弧的绘制示例

a）三点画弧　b）单一物体切弧　c）通过点切弧　d）中心线切弧　e）动态切弧　f）三（两）物体切弧（圆）　g）两点画圆
h）两点相切画圆　i）三点画圆　j）三点相切画圆　k）端点画弧　l）极坐标画弧　m）极坐标端点画弧

图 2-14 学习说明（在对应软件系统的相应绘制模式下学习较佳）：

（1）三点画弧　三点画弧的基本模式是通过三个已知点绘制圆弧，如图 2-14a 中的 "P_1—P_2—P_3"点。也可在选点时临时切换为"相切"模式，从而选择相切的曲线切点（系统自动计算切点），如图 2-14a 中的"P_1 点—相切弧 A—P_2 点"绘制的圆弧。另外，图 2-14a 中"相切弧 A—点 P—切弧（前述 P_1 点—相切弧 A—P_2 点绘制的圆弧）"也绘制出了圆弧。

（2）切弧　系统提供了 7 种绘制切弧的模式（见图 2-12），以下为示例介绍。

1）单一物体切弧，可绘制通过直线或圆弧等单一图形上指定点，与该单一物体相切，且半径已知的圆弧。图 2-14b 中示出了通过直线 L 和圆弧 A 上的指定点 P_1 与 P_2 且半径为 $R15$ 的切弧各一条，以及通过直线 L 和圆弧 A 上的端点 E_1 与 E_2 且半径为 $R10$ 的切弧各一条。

2）通过点切弧，可绘制通过指定点，与直线或圆弧相切且半径已知的圆弧，如

图 2-14c 中通过点 P 与直线相切且半径为 $R22$ 的圆弧和与弧线 A 相切且半径为 $R16$ 的圆弧。

3）中心线切弧，可绘制与指定直线相切、圆心在另一指定直线上，且半径（或直径）已知的圆。图 2-14d 中示出了与直线 L 相切，中心线在直线 L_1、L_2、L_3 上，直径为 $\phi30$ 的圆。

4）动态切弧，可绘制通过圆弧或直线等图形上指定点且与图形相切，并通过另一点的动态圆弧。图 2-14e 中分别绘制了三条圆弧，动态点分别为圆上点 P_1、交点 I 和圆弧 A 的端点 E，另一点为 P。

5）三物体切弧，可绘制与三物体（直线、圆弧或混合）相切的弧线，如图 2-14f 中未标注半径值的圆弧 A。

6）三物体切圆，可绘制与三物体（直线、圆弧或混合）相切的圆，如图 2-14f 中的圆 C。

7）两物体切弧，可绘制与两物体（直线、圆弧或混合）相切且半径已知的圆弧，如图 2-14f 中半径为 $R20$ 的圆弧。

（3）圆弧绘制相应的下拉菜单中包含 4 种绘制圆或圆弧的方法（见图 2-12）。

1）已知边界点画圆，系统提供了 4 种绘制圆的模式。

① 两点画圆，用于绘制通过已知的两点且直径已知的圆，如图 2-14g 中通过点 P_1、P_2 且直径为 $\phi40$ 的圆。

② 两点相切画圆，用于绘制与两物体（直线、圆弧或混合）相切且直径已知的圆，如图 2-14h 中直径为 $\phi16$ 和 $\phi20$ 圆。

③ 三点画圆，用于绘制通过三个已知点的圆，如图 2-14i 中通过点 P_1、P_2、P_3 的圆。

④ 三点相切画圆，用于绘制与三物体（直线、圆弧或混合）相切的圆，如图 2-14j 中与圆弧 A、圆 C_1、圆 C_2 相切的两个圆。

2）端点画弧，可绘制通过已知端点的弧线。图 2-14k 中首先绘制了通过点 P_1 与 P_2 且半径为 $R20$ 的圆弧，然后绘制了通过点 P_3 与 P_4 且与 $R20$ 圆弧相切（捕抓切点）的弧线。

3）极坐标画弧，可绘制已知圆心、半径、起始角度与结束角度的极坐标圆弧，如图 2-14l 中已知圆心点为 P、半径为 $R20$、起始角度为 $-20°$、结束角度为 $100°$ 的极坐标圆弧。其还有一个"相切"模式，可绘制已知圆心、起始角度与结束角度且与直线或圆弧相切的极坐标圆弧（图中未示出）。

4）极坐标端点画弧，可绘制已知起始点或结束点、半径、起始角度与结束角度的极坐标圆弧，如图 2-14m 中已知起始点为 P、半径为 $R20$、起始角度为 $-30°$、结束角度为 $80°$ 的极坐标圆弧。

4．图形的修剪

以上介绍的图形绘制是基本型图形，是绘制二维图形的基础，实际图形往往较为复杂，为此，系统提供了"修剪"功能。图 2-15 所示为"修剪"选项区各修剪功能按钮的分布，可从"线框"功能选项卡中找到。修剪功能按钮较多，且多数集成为下拉菜单式功能按钮，但将光标悬停在功能按钮上时，会弹出功能说明，有助于进一步理解与应用。

（1）倒圆角与倒角　这两种是应用广泛的工艺特征，Mastercam 软件提供了丰富的倒圆角与倒角类型。

1）倒圆角。倒圆角有图素倒圆角（简称倒圆角）和串连倒圆角两种方式。图 2-16 所示为图素倒圆角示例，从其功能管理器上可见倒圆角的方式有 5 种，其中"间隙"方式可理解为安装凸模的固定板，可设置距离凸模尖角点之间的距离。另外，用最下面的"单切"方式绘制的形状与倒角操作两条边选择的先后顺序有关。图 2-17 所示为串连倒圆角示例，最大的特点就是可以用串连方式选择欲倒角的轮廓，一次性对多个转角倒圆角。图素倒圆角和串连倒圆角均勾选"修剪图素"项进行倒角，读者可尝试去除勾选"修剪图素"复选框，观察一下效果与自己的理解是否一致，同时领悟一下"圆角"选项区的"顺时针"与"逆时针"选项的含义。

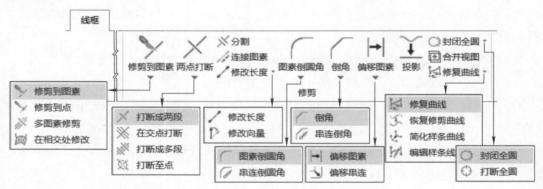

图 2-15 "修剪"选项区各修剪功能按钮的分布

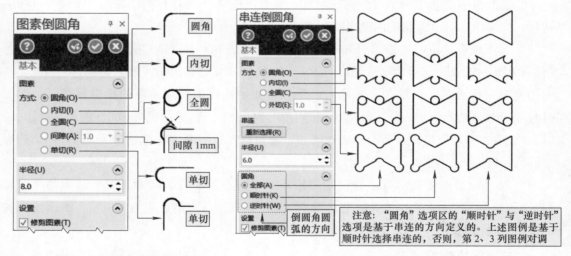

图 2-16 图素倒圆角示例　　　　　图 2-17 串连倒圆角示例

2）倒角。倒角同样有倒角（即图素倒角）和串连倒角两种方式。图 2-18 倒角与串连倒角示例，左图为"倒角"功能管理器，提供了 4 种倒角方式，不同的倒角方式会激活相应的参数文本框，最下面为"修剪图素"复选框；中上图为倒角示例；右图为"串连倒角"功能管理器，提供了两种倒角方式，串连倒角能对所选串连轮廓一次性地快速倒出一致的倒角（方式与参数相同）；中下图为串连倒角示例，其外轮廓为修剪的宽度倒角，内轮廓为不修剪的距离倒角。

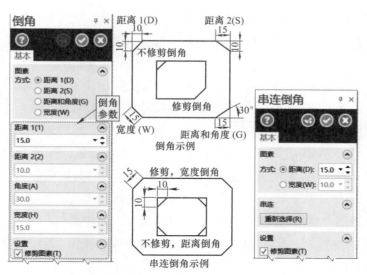

图 2-18　倒角与串连倒角示例

（2）图素修剪与打断操作　在"线框→修剪"选项区，"修剪到图素"下拉菜单中有 4 项基于线性图素（直线、圆弧和样条曲线）的图素修剪与打断功能。

1）修剪到图素。 修剪到图素 按钮可基于相交的线性图素进行修剪或打断操作。如图 2-19 所示，有"修剪"与"打断"两种类型并对应 4 种方式，操作时有相应的操作提示引导，操作方式基本相同。以"修剪"类型为例的操作说明如下：

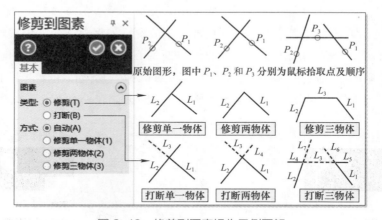

图 2-19　修剪到图素操作示例图解

① 自动方式。该方式为默认设置方式，具备修剪单一物体与修剪两物体的功能。修剪单一物体时与下述修剪单一物体操作方式相同；而修剪两物体时，与下述修剪两物体基本相同，只是点取第二点时必须双击。

② 修剪单一物体。用某条修剪图素为边界修剪某线性图素。操作方法是：首先拾取要修剪的图素（注意选择要保留的部分），然后拾取修剪边界图素完成操作。

③ 修剪两物体。用于两相交图线交点处的修剪。操作方法是：依次拾取两相交图素要

保留的部分。

④ 修剪三物体。可同时对三相交图素沿交点进行修剪。操作方法是：首先点拾取两交点之外需要保留的两图素，然后点取修剪图素，系统以两交点之间的图素为边界修剪前两个图素，并保留拾取部位的图素。

若类型选项为"打断"，则不删除修剪模式中删除的图线，转为分离图线，这也是"打断"与"修剪"模式的差异，并且打断后直接看图形与打断前似乎未变，但将鼠标指针悬停至图线上可看到图形以黄底、虚线的形式存在，如图 2-19 中的虚线形式。

2）修剪到点。 修剪到点 按钮可将线性图素（线、弧和曲线）按选择的点修剪或打断，其操作较为简单，图 2-20 左侧为"修剪到点"管理器，其修剪类型有两个选项，中上图为某示例，欲将直线 L_1 在修剪线 L 的交点 P_2 处修剪。操作方法是：单击"线框→修剪→修剪到点"功能按钮激活"修剪到点"功能，选择修剪类型，如将类型选择为"修剪"，则先选择直线 L_1 欲保留的位置 P_1，然后捕抓交点 P_2，完成修剪到点操作。若将类型选择为"打断"，则将直线分离为两段直线 L_1 和 L_2。

3）多图素修剪。 多图素修剪 按钮可对多个线性图素（线、弧和曲线）同时修剪，图 2-20 右侧为其管理器，与修剪到点相比，多了一项修剪图素要保留的方向选项。中下图为某示例，欲用修剪线 L 同时将 5 条直线修剪或打断。由于图素较多，图中采用了相交窗选（通过 内+相交 按钮）的方式一次选中 5 条直线。操作方法是：单击"线框→修剪→多图素修剪"功能按钮激活"多图素修剪"功能，选择修剪类型，如将类型选择为"修剪"，将方向选择为"选择侧面"，则先窗选 5 条图素，然后选择修剪线 L。之后若选择 P_3 点，则保留修剪线 L 右上部分 $L_{1\sim5}$，若选择 P'_3 点，则保留修剪线 L 左下部分 $L'_{1\sim5}$。另外，在为这一步选择确认按钮之前，可将方向选项更改为"选择反面"来改变修剪保留部分的位置。同理，若修剪类型选择"打断"，则修剪线 L 会将 5 条直线打断为 $L_{1\sim5}$ 和 $L_{6\sim10}$，共 10 条直线。

"修剪到图素"下拉菜单中还有一个"在相交处修改"功能按钮 ，其主要用于与实体面、曲面或网格相交的线性图素在相交点处修剪、打断或创建一个"点"，读者可自行研习。

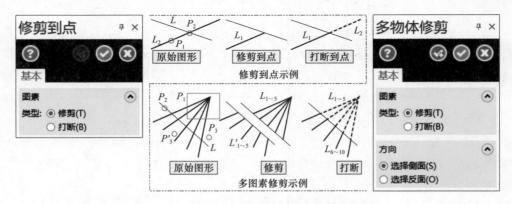

图 2-20　修剪到点和多图素修剪操作示例图解

（3）图素的点打断操作　在"线框→修剪"功能选项区，"两点打断"功能按钮 的下拉菜单中有 4 个基于点修剪或打断线性图素（线、弧和曲线）的功能。

① 打断成两段。 ✕ 打断成两段 按钮可将线性图素（线、弧和曲线）按指定点打断为两段，操作时按操作提示先选择要打断的图素，然后拾取要打断的点即可，如图 2-21 所示。

② 在交点打断。 ✕ 打断成两段 按钮可将所有选定的线性图素（线、弧和曲线）按相交点一次性打断。操作时可设定合适的选择方式（如默认的"范围内"窗选方式，通过 ⬚ 范围内 按钮）一次性选择所有图素，然后按回车键确定完成操作。在图 2-22 中，左图有 3 条直线和 1 个整圆，右图为交点打断后的结果，图示改变了部分线段的线型以便于观察，可见打断后有 11 条直线，4 个圆弧。

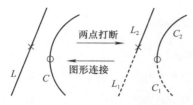

图 2-21　打断与连接图素示例　　　　　图 2-22　在交点打断示例

③ 打断成多段。 ✕ 打断成多段 按钮可将线性图素（线、弧和曲线）等打断成多段。图 2-23 所示为其功能管理器与操作示例。管理器中有以下几组设置：

● 图素类型。有"创建曲线"与"创建线"两项，对于直线无区别，但对于圆和圆弧就完全不同了。

● 区段。有 4 个选项。

数量：指打断后的数量，图 2-23 中的直线、圆和圆弧均等打断成 6 段，样条曲线打断成 6 段时各段长度近似相等。

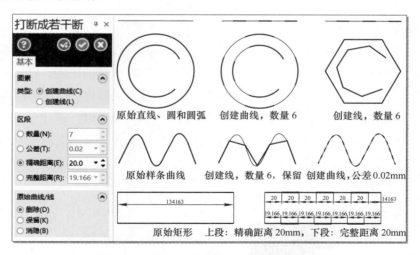

图 2-23　"打断成多段"功能管理器及示例

公差：指曲线弦高度（简称弦高）的公差，即按照弦高相等用直线连线，类似于插补原理。图 2-23 中最右侧样条曲线是被打断成若干段的结果，其与原始样条曲线的逼近误差不大于 0.02mm。

精确距离：是将所选图线按指定距离打断，最后一段可能不足指定距离。图 2-23 中矩形上段为精确距离 20mm 打断的结果，最后一段为 14.163mm。

完整距离：是将所选图线按接近指定距离均匀打断，各段距离均相等。图 2-23 中矩形下段为完整距离 20mm 打断的结果，各段为 19.166mm。

● 原始曲线 / 线。该组设置用于打断后原始曲线的处理，有 3 个选项。图 2-23 中样条曲线分 6 段打断时保留了原始曲线。

> ⚠ **注意**
>
> 操作时，在确定之前，如果选定线为淡蓝色状态，就可在操作管理器中修改这 3 个选项，同时图上会出现打断点显示。按回车键确定后完成操作。

④ 打断至点。 ▨ 打断至点 按钮可将线性图素（线、弧和曲线）按线上指定点打断。在图 2-24 中，原始图素包括圆、圆弧和直线；第 1 步基于前述等分点功能，分别在直线、圆弧和圆上绘制 3 个、4 个和 6 个点；第 2 步窗选 3 个图素及其上的点，执行"打断至点"操作命令，按回车键完成操作。操作完成后，可将鼠标光标悬停在某图素上，可见该图素变为黄底虚线，如图 2-24 中第 3 步所示。

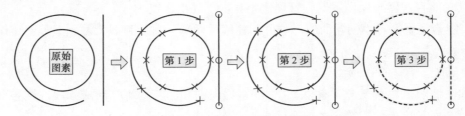

图 2-24　打断至点操作示例图解

（4）图素的分割与连接

1）图素的分割。 ▨ 分割 按钮可将相交的线性图素（线、弧和曲线）交点分界进行修剪或打断（即删除与分割）。"修剪"模式下，将光标悬浮至待修剪的图素，则图素以黄底显示并以光标位置两边的交点为界虚线显示待修剪部分，单击后完成修剪；若选择"打断"模式，单击后会在分界点临时显示十字点符号，提示打断分界点。修剪时，即使仅有单个交点甚至没有交点，也能完成修剪，因此其有删除的含义。图 2-25 所示为图素的分割与连接操作示例。图中五角星绘制提示：先在独立层中绘制五边形，然后间隔拾取点形成连续线来绘制五角星，再在层别管理器中关闭五边形图层显示。

图 2-25　图素的分割与连接操作示例

2）图素的连接。 ▨ 按钮可将共延伸线的直线、共圆心和半径的圆弧等连接为同一图素，即使两线之间存在间隙也有可能连接完成。读者可以图 2-21 中打断的图素和图 2-25 中分割的图素练习"连接图素"操作，体会图素连接功能的含义。

（5）图素的延伸与缩短　![修改长度]按钮可将线性图素（线、弧和曲线）按指定距离连续或断续延长与缩短，鼠标拾取点靠近哪一端，则操作哪一端。图 2-26 所示为图素修改长度操作示例。

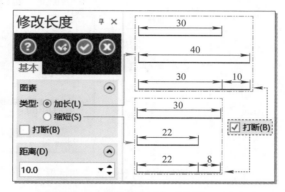

图 2-26　图素修改长度操作示例

（6）封闭与打断全圆　![封闭全圆]和![打断全圆]按钮在同一个下拉菜单中，分别可将一个开放的圆弧转换为一个封闭的圆和将圆打断为指定段数的圆弧。操作过程按操作提示即可完成。图 2-27 所示为封闭与打断全圆操作示例，左图为外圆弧和全圆，中间为功能按钮和操作提示，右图为封闭的一个整圆和打断成 6 段圆弧的整圆，图中黄底虚线表示选中状态。

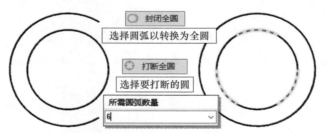

图 2-27　封闭与打断全圆操作示例

5．图素的删除、隐藏分析功能简述

删除功能是所有应用软件均具备的功能之一，Mastercam 软件也不例外。

Mastercam 2022 的删除功能布置在"主页→删除"功能区，如图 2-28 所示。

常用的是"删除图素"按钮![X]，激活该功能后，弹出操作提示："选择图素"，用鼠标选择待删除的图素，按回车键即可。也可单击视窗上部同时弹出的![结束选择]或![清除选择]按钮完成或取消操作。注意：Mastercam 软件也可像其他 Windows 环境下的软件一样，选择需删除的图素，按 [Delete] 键操作。注意：快捷菜单中也集成了![删除图素(E)]按钮。

删除"重复图形"功能可删除重复的图素（即重叠的图素），其是一个下拉菜单，具有"重复图形"与"高级"两个功能按钮（![X]重复图形与![X]高级）。单击![X]重复图形按钮，会弹出图 2-28 左侧所示的"删除重复图形"信息框，显示重复图素的信息，单击![√]按钮，可删除重复图素。

若单击 ✖ 高级 按钮，则会弹出图 2-28 右侧所示的"删除重复图形"设置对话框，通过设置条件可删除重复图素。

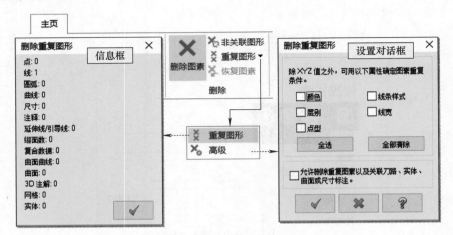

图 2-28　删除功能按钮及操作对话框

"非关联图形"功能按钮 ✖ 非关联图形 可删除非关联刀路、操作或实体的图素。"恢复图素"功能按钮 ✖ 恢复图素 是在删除了图素后自动激活的，可用于恢复最近删除的一个或多个图素。实际上，快速访问工具栏上的"撤销"按钮 ↶ 也具备恢复图素功能。

图 2-29 所示为图 1-9 所示零件车削框线模型创建过程图解，简述如下：

① 绘制 Oa 中心线，捕抓原点为起点 O，在"线端点"管理器中选择"水平线"类型，在长度文本框中输入 55mm，按回车键，可预览刀路，在屏幕上起点左方任意位置单击，完成绘制。注意：图 2-29 中绘制成了点画线线型仅是为了好看，可不设。接着，以"连续线"方式，绘制 25mm 长的垂直线 ab、5mm 长的水平线 bc、2.5mm 长的垂直线 cd，以及 e 点接近 O 点的水平线 de。

② 从起点 O 绘制 3.25mm 的垂线 Of，fg 为使用"极坐标画弧"功能绘制的圆弧，在文本框中输入圆心坐标（-3, 3.25），按提示依次确定圆弧半径 3mm、起始角度 0°、结束角度 60°。gh 为使用"通过点相切"功能绘制的过 g 点的切线，h 点位置略超过 dg 线即可。

③ 绘制 36mm 长的水平线。起点使用"相对点"功能，在相对 a 点垂直线上 4mm 的位置确定，记为 i 点，终点由长度确定。jh 线为"任意线"类型，捕抓 j 点为起点，在操作管理器中输入 -59°（角度单位 ° 不需要输入），屏幕上可预览到斜线，鼠标点取水平线 Oa 略下位置确定 k 点。

④ 基于"线框→修剪→分割"功能，选择"修剪"类型，鼠标拾取不需要的线进行修剪，可得到最终结果——一个封闭的串联曲线。

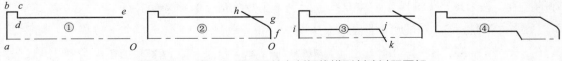

图 2-29　图 1-9 所示零件车削框线模型创建过程图解

2.2.3 数控车编程 3D 模型的创建与编辑

1. 3D 模型造型基础

3D 模型与 2D 模型的差异是增加了一维空间,即构图深度;2D 模型表述的图形一般在一个平面(称为绘图平面)中。3D 模型增加的维度,其坐标轴的方向垂直于绘图平面。这些概念在第 1 章的平面管理器相关部分提到过,这里更为系统地进行讲解。

绘图平面的两垂直坐标轴加上与之垂直的构图深度坐标轴构成了 3D 模型造型的笛卡儿坐标系。

(1)绘图平面 绘图平面(又称构图平面)是为简化或规范 3D 模型的构建而提出的一个概念,也是构图深度概念的参照。选中的绘图平面是当前用户使用的构图平面,在其上可依据前述二维图形绘制的方法构建 3D 模型的截面、投影线框和平面等。

绘图平面的选择除可在"平面"管理器中操控外,还可在下部状态栏中单击"绘图平面"字样弹出的绘图平面菜单中设置,如图 2-30 所示。

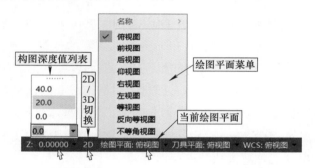

图 2-30 绘图平面、构图深度和 2D/3D 切换操作

(2)构图深度 构图深度是绘制三维图素时确定绘图平面所需的深度方向的坐标参数,构图深度除可在状态栏中设置,还可在"主页"功能选项卡和快捷菜单的图素属性工具栏中设置,如图 2-31 所示。

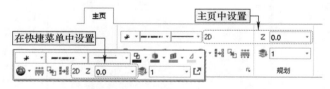

图 2-31 "主页"功能选项卡和图素属性工具栏中构图深度设置按钮

构图深度的设置方法基本相同,以图 2-30 为例,单击状态栏中构图深度右侧的深度数值,弹出构图深度文本框,可在其中输入深度值,也可单击右侧的下拉列表按钮▼,会弹出最近使用过的深度值列表,可用鼠标点取选择。用的更多的是单击深度字母"Z",在图样中选择一点来定义构图深度。

(3)2D/3D 绘图模式切换 2D/3D 绘图模式是两种绘图模式,单击其可相互切换。

在 3D 模式下,若用输入坐标点方式,则只需要输入构图平面内的 X、Y 坐标值,Z 坐标值由构图深度确定。若同时输入 X、Y、Z 三个坐标值，则表示直接指定了空间点。若用捕抓方式确定点，则捕抓点不受构图深度的影响。而在 2D 模式下，不管捕抓点的 Z 坐标值是否等于构图深度值，均以构图深度值作为 Z 坐标值。因此，实际中，若需要在构图平面中绘制二维图形，则在设定构图深度后，一般将绘图模式切换为 2D 模式。

（4）"线框串连"对话框　串连是选择和连接几何图形或者使一系列图素首尾相连的过程，在实体、曲面创建以及加工轮廓选择时常用，多段线性图素串连时包括要串连的图素、起始点和结束点、方向等属性，其与图素选择的位置有关，可在"线框串连"对话框中编辑。图 2-32 所示为"线框串连"对话框及图例图解，图中激活的是"线框模式"，"实体模式"多用于加工编程实体模型的操作等，可直接在实体模型上选择串连，虽然功能按钮略有差异，但串连选择的目的和概念基本相同，具备线框串连知识后可快速掌握实体串连的操作，此处仅讨论线框串连。

"线框串连"对话框中的按钮和概念较多，需要逐渐学习与应用，图 2-32 中注释的按钮较为常用，未尽按钮的功能，可使鼠标光标悬停其上来弹出简单注释，单击右下角的帮助按钮会弹出较为详尽的英文帮助。图 2-32 中右侧图例图解介绍了最常用的"串连"和"部分串连"按钮的应用，图中十字光标所示为拾取图素的位置，绿色箭头为起始方向，红色箭头为串连结束方向。No.1 图为原始线框；No.2 图为以"串连"选择方式拾取的串连；No.3 和 No.4 为以"部分串连"方式分别选择起始和结束线素的部分串连，注意图示的选择位置；"部分串连"方式在选择时需要分两步完成，若线框本身不封闭，则可用"串连"方式一次性选择，如图 No.5 和 No.6 所示。注意，屏幕上箭头为立体形式并表示串连方向，绿色箭头从起始点指出，红色箭头从结束点指出。

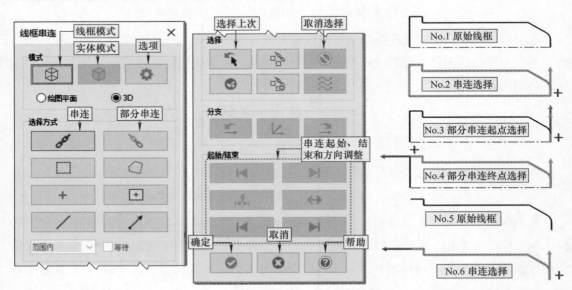

图 2-32 "线框串连"对话框及图例图解

（5）"实体"功能选项卡　"实体"功能选项卡及其下拉菜单如图 2-33 所示，包括"基本实体""创建"和"修剪"等功能选项区。

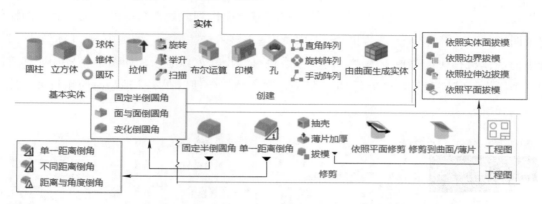

图 2-33 "实体"功能选项卡及其下拉菜单

（6）"实体"操作管理器 "实体"操作管理器（简称实体管理器）用于查看、管理和编辑实体操作。实体管理器中以历史记录树的形式记录了实体模型的造型操作过程，根记录操作是一个独立的操作历史总记录，记录了一个独立的几何模型。总记录下可记录多个增加凸台或切割主体等实体的操作子记录。右击子记录可弹出快捷菜单进行操作，双击子记录操作（或快捷菜单中的"编辑参数"命令）可激活相应操作的管理器进行相关参数的编辑。子目录的相关操作图标显示不同图形表达的不同的含义，如删除子目录或修改子目录操作参数时，图标会变为✕，需要单击"重生成"按钮↺或↻重建模型。

图 2-34 所示为样例 1 模型，是按照图 2-42 所示 3D 建模步骤操作的"实体"管理器及其操作示例图解，管理器上部各按钮的功能如图所示，大部分也可用快捷菜单操作。图中根记录"实体"操作是 No.1 模型操作记录（图中序号①处），看到的 6 个操作对应图 2-42 ②～⑦的操作；在管理器中右击鼠标可弹出快捷菜单，各命令功能如图所示。单击鼠标可选中某操作，如 No.2 模型是选择固定圆角半径操作的结果，选中的圆角特征高亮显示；按住 [Ctrl] 键可选择不连续的多个操作，如图 No.3 模型是先选择倒数第一个拉伸切割操作后选择固定圆角半径操作的结果，选中的圆角特征和孔底锥孔特征高亮显示；按住 [Shift] 键可选择连续的多个操作。对某操作双击鼠标可激活相应的操作管理器，如图中双击固定圆角半径操作激活的"固定圆角半径"操作管理器；激活后的操作模型也会处于可编辑状态，如图中 No.4 模型就是激活第三个操作后的状态，图示出现拉伸箭头等，同时该操作后的操作模型上不显示拉伸箭头。

同时，模型上的相应操作部分也处于激活可编辑状态，激活后的操作管理器还可重新编辑相关参数，但修改参数后要重新生成，如图中假设修改倒圆角半径值，则实体记录修改部分会以"✕"符号显示（图中序号②处），提示模型要重新计算生成，单击"重生成所选操作"按钮可消除"✕"符号。快捷菜单上的"重新命名"命令可以修改实体记录中的相关名称，如将序号④处根记录名称由原来默认的"实体"名称修改为"样例 1"；● 结束操作 记录可上、下移动，控制窗口中的实体模型只能显示至 ● 结束操作 记录之上的操作。

● **结束操作** 命令符号可拖放操作，也可用快捷菜单操作，如图中序号⑤处是对第三个拉伸主体操作右击，在弹出的快捷菜单上执行"移动停止操作到此处"命令的结果，后面的操作记录图标显示为警告符号 ⚠，同时窗口中的模型不显示这些特征，如图中 No.5 模型；另外，选中的操作执行快捷菜单中的"禁用"命令也可禁止其窗口显示，如图中序号⑥处禁用后面三个操作，其模型显示结果同 No.5 模型。"实体"管理器在实体造型时应用较多，读者可渐进式研习。

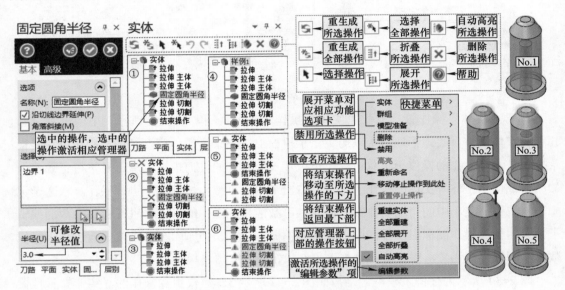

图 2-34　"实体"操作管理器及其操作示例图解

2. 3D 模型的创建

3D 模型的创建方法较多，因人而异，以下讨论几种方法供读者参考。

（1）基本实体的创建　基本实体包括：圆柱体、立方体、球体、椎体和圆环体 5 个典型实体，其功能按钮布置在"实体→基本实体"选项区，对应 5 个功能按钮，基本实体的创建较为简单，仅须选择点定位基本实体，并按基本实体的几何参数确定形状即可，图 2-35 所示为"基本圆柱体"操作管理器及其操作示例图解（供参考）。图中基本圆柱体定位点为坐标原点，几何参数有半径与高度，圆柱体扫描角度可控制，如图 270°扫描角的部分圆柱体。另外，创建时的圆柱体轴线和延伸方向可选。

基本圆柱体创建步骤说明：

1 在"实体→基本实体"选项区单击基本实体功能按钮，弹出实体的操作管理器和选择实体基准点位置操作提示。

2 选择基准点位置后，可拖动鼠标预创建基本实体，同时，管理器中的基本参数随鼠标位置发生变化。

3 在操作管理器中选择图素类型、编辑基本参数等，必要时可以重新编辑基准点，编辑完成后，单击管理器右上角的确认按钮可完成基本实体创建操作。管理器右上角的三个按钮 ⊙、⊘、⊗ 分别为：确认并继续、确认和取消。

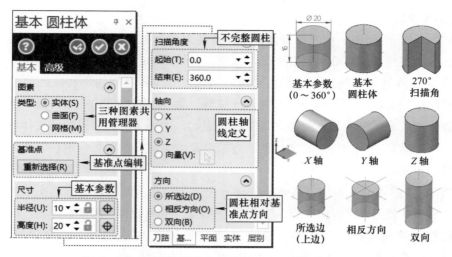

图 2-35 "基本圆柱体"操作管理器及其操作示例图解

> ⚠️ **注意**
>
> 创建的基本实体为各自独立的实体，需要配合"实体→创建→布尔运算"功能进一步组合成一个完整的几何实体。

下面以图 1-9 所示零件图为例，基于基本实体创建其 3D 模型。为了后续某些建模几何参数的需要，特在图 1-9 的基础上增加了部分尺寸（括号给出的尺寸、计算过程略），其创建过程如图 2-37 所示。

图 1-9 所示几何结构分析与创建过程：

几何结构分析：该零件可分为一个 $\phi25mm\times$

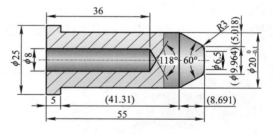

图 2-36 增加尺寸图例

5mm 的圆柱体，一个 $\phi20mm\times$（46.31mm 或 41.31mm）的圆柱体，一个圆台锥体并倒圆角 $R3mm$。

创建过程图解如图 2-37 所示，创建步骤简述如下：

首先设置，视角：等视图，绘图平面：右视图，绘图模式：2D，构图深度：0。

图 2-37 基于基本实体创建过程图解

1 圆柱体位置：原点，半径：12.5，高度：5.0。

2 圆柱体位置：原点，半径：10.0，高度：46.31。

3 创建圆台，构图深度：46.31，基本半径：10.0，高度：8.691，顶部半径：4.982。

4 倒圆角 *R*3。

5 布尔"结合"运算，将三个分离的实体合并为一个独立的实体。

后续孔的创建可参阅图 2-42 或图 2-47 完成，此处略。

（2）常见实体的创建与修剪　常见实体是指通过"实体→创建"功能选项区相应功能按钮创建的实体模型，这些实体配以"实体→修剪"功能区的相关功能，可进一步拓展实体图素的创建，考虑到本书主旨为数控车床编程，因此，这里主要选用回转体实体常用的"拉伸、旋转、布尔运算和孔"等常见实体创建方法以及"倒角与倒圆角"两种车削零件常见的修剪功能给予介绍。

1）拉伸实体的创建。单击"实体→创建→拉伸"功能按钮 ，可激活实体拉伸功能。弹出选择串连操作提示和"线框串连"对话框，并激活"实体拉伸"操作管理器，其中"串连"和"部分串连"两个按钮（参见图 2-38 中标识②对话框）应用较多，其余按钮读者可尝试学习，以下重点分析操作管理器，如图 2-38 所示。

在选择串连操作之前，管理器页面如图标识①所示，其中三处文本框均为红色框且内容空白，并且操作管理器不可编辑，右上角的"确认并继续"和"确认"按钮 灰色无效，"创建主体"单选按钮有效，首次创建的拉伸实体称为主体，即一个独立的实体模型。注意，"线框串连"对话框中的"串连"按钮 是默认的，因此可以直接鼠标选择拉伸串连，选择完成后单击确认按钮 ，"线框串连"对话框关闭，同时操作管理器转化为可编辑状态，同时"确认并继续"和"确认"按钮 高亮显示（即有效），操作管理器有"基本"和"高级"两个选项卡。

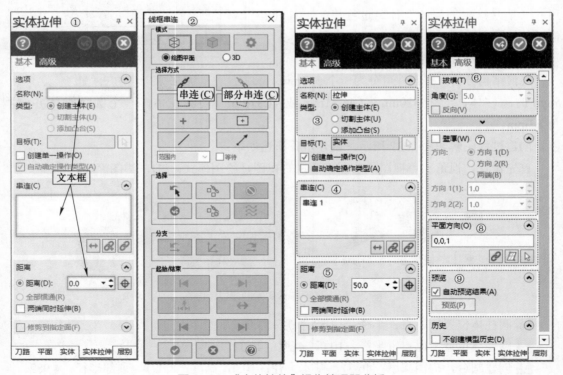

图 2-38 "实体拉伸"操作管理器分析

"基本"选项卡"选项"选择区（图中标识③所示）"名称"文本框的"拉伸"名称对应"创建主体"单选按钮，第一次创建的拉伸实体称为主体，是一个独立的实体。后续再次选择串连创建实体时，若依然选择"创建主体"类型，则创建的实体与主体是两个独立的实体。若选择"切割主体"类型，则是主体实体与新建实体的布尔"差"运算；若选择"添加凸台"类型，则是主体实体与新建实体的布尔"并"（又称"和"）运算。

📖 知识拓展 ▶▶▶

3D 实体造型中的布尔运算（Boolean）主要有三种：并集（union）、差集（subtraction）和交集（intersection）运算，在 Mastercam 软件中翻译为"结合、切割和交集"。具体含义指两个独立重叠的实体图素，"结合"运算即两个独立实体合并为一个独立的实体，重叠部分不独立计算；"切割"运算指主体实体减去重叠部分后剩余部分形成的一个新实体；"交集"运算指两个实体重叠部分独立形成一个新实体。"结合"与"切割"运算俗称"和"与"差"运算。

"串连"选项区（图中标识④所示）文本框中为选择串连的数量，串连序号为系统默认生成的。文本框右下角的三个按钮↔、⊘、⊘分别为拉伸方向反向、添加串连和重新选择串连按钮。

"距离"选项区（图中标识⑤所示）用于拉伸长度设置，可在文本框中精确输入数值；也可单击"自动捕抓点"按钮⊕在操作窗口屏幕捕抓点来获得长度。勾选"两端同时延伸"复选框，则实体沿着相反的两个方向同时拉伸实体；若选择"切割主体"拉伸类型，则"全部贯通"单选按钮有效，选择后切割的深度不受设置值限制而为通孔。

"高级"选项卡的"拔模"选项区用于设置拉伸侧壁具有拔模斜度的拉伸实体，勾选"拔模"复选框可激活"角度"文本框和"反向"复选框，若仅勾选"拔模"复选框，并设置角度值，则为正向拔模斜度，继续勾选"反向"复选框则为反向拔模斜度。

"壁厚"选项区用于设置管状实体的拉伸，勾选复选框后，可激活三个方向单选按钮，"方向 1"和"方向 2"单选按钮分别控制壁厚为串联线的内和外侧壁边厚度，"两侧"单选按钮则控制内、外侧厚度相加的壁边厚度，两个方向的厚度值可以在下部的文本框中单独设置。

"平面方向"选项区用于设置拉伸方向，若串连曲线对应绘图平面设置，则默认的拉伸方向为绘图平面的垂直方向，这时不用考虑这里的设置。右下角的三个按钮设置需要较多的专业知识，这里不展开赘述。

"预览"选项区的"自动预览结果"复选框默认是勾选的，即拉伸实体的结果在确认前可以预览到，否则，只用箭头显示，不出现预览实体，如图 2-39 所示。

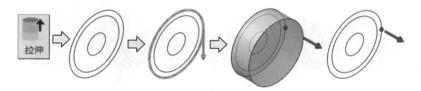

图 2-39　实体拉伸创建步骤图解

拉伸实体操作图解的具体步骤简述如下：

1 单击"实体→创建→拉伸"功能按钮🔲，弹出操作提示（图中未示出），以及"线框串连"对话框和"实体拉伸"操作管理器。

2 以"串连"方式选择要拉伸的封闭轮廓曲线（可单个或多个），单击确认按钮🔘，激活"实体拉伸"管理器（有"基本"和"高级"两个选项卡），并显示拉伸实体预览和拉伸方向箭头等。

3 在操作管理器中进行相关设置，如拉伸距离、是否反向拉伸、拔模、薄壁等。

4 单击确认按钮🔘，完成"拉伸实体"操作。

> 💡 **提示**
>
> 操作管理器右上角的三个按钮🔘、🔘、❌分别表示：确认并继续、确认和取消，分别对应连续拉伸、完成拉伸和取消拉伸操作。

关于车削零件中常见的整圆串连曲线，除了可利用前述的线框绘制功能创建，还可直接提取回转体边线，并修改圆的直径属性值获得，或基于"平移"功能等复制或移动获得，以图 2-40 为例，已知拉伸的圆柱实体，拟在端面和圆柱面上各创建一个圆，操作方法简述如下：

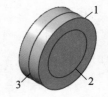

图 2-40　整圆串连创建

① 单击"线框→曲线→单边缘曲线"按钮✏，弹出操作提示与操作管理器，鼠标拾取端面边缘线 1 处，可看到预览的边缘线，按回车键或单击确认按钮，获得圆 1。

② 单击"转换→位置→平移"按钮↗，弹出操作提示与操作管理器，鼠标拾取圆 1，单击 结束选择 按钮，在圆 1 的圆心处出现坐标指针↖，鼠标拾取轴线反向的指针箭头，激活平移操作，在管理器中的图素选择区选择"复制"方式，在增量选择区输入移动的距离值，单击确认按钮获得圆 3。

③ 拾取圆 1，单击"主页→分析→图素分析"按钮📐，弹出"圆弧边界属性"对话框，在直径文本框中修改直径值，圆 3 的直径为新直径的圆 2。注意，原来的圆 3 相当于变成了圆 2，自然圆 3 不存在了。

图 2-41 所示为大量的实体拉伸图例，供读者研习使用。

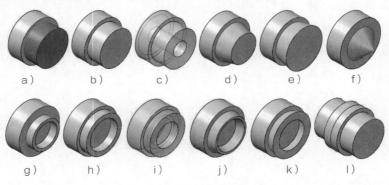

图 2-41　实体拉伸图例

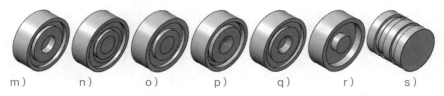

图 2-41　实体拉伸图例（续）

练习图 2-41 中的图例时，首先，按图 2-37 所示步骤 1，在"平面"操作管理器中设置绘图平面为右视图、视角为等视图，然后按图 2-39 所示，创建三个圆心在原点，直径分别为 ϕ30mm、ϕ25mm 和 ϕ10mm 的同心圆，下述分别称为外圆、中圆和小圆。每个图第 1 步创建主体的串连均为外圆，距离大部分为 10mm，各图例要求简述如下：

图 a 为创建主体拉伸 10mm，再以中圆串连拉伸 20mm，结果为两个独立的实体。

图 b 为添加凸台拉伸，以中圆串连拉伸 20mm，结果为一个独立的实体。

图 c 为切割拉伸，在图 b 的基础上，小圆串连拉伸，全部贯通距离，结果仍为一个实体。

图 d ～ f 为添加凸台拉伸，主体端面为 ϕ25mm 的圆（主体实体端面提取边缘圆，并修改直径值为 25，或用中圆复制平移获得），然后添加长度为 10mm 的拔模、拔模 + 反向的圆台和圆锥，拔模角度自定。

图 g ～ i 为添加凸台拉伸，主体端面为 ϕ20mm 的圆，添加长度为 5mm 的，壁厚向内、向外和双向的圆环，壁厚值自定。

图 j、k 为壁厚 + 拔模拉伸，端面串连圆（ϕ25mm）并拉伸 5mm，壁厚向内，壁厚值和拔模角度自定。

图 l 为双向拉伸，首先外圆双向拉伸 5mm 创建主体，然后中圆双向拉伸，以添加凸台类型拉伸 15mm，结果为一个实体。

图 m ～ q 均为一根串连线、端面切割主体拉伸，结果为端面槽，图 m 为 ϕ20mm 圆壁厚向外；图 n 为 ϕ20mm 圆壁厚双向；图 o 为 ϕ25mm 圆壁厚向内；图 p 和图 q 为 ϕ20mm 圆外侧壁厚 + 拔模，中间分别为圆锥和圆台锥度切割拉伸。

图 r 为两根端面串连圆切割主体拉伸的结果，其类似于壁厚拉伸，但壁厚值由两根串连圆的半径差决定。

图 s 为外圆柱面的串连圆、壁厚单向和双向切割主体拉伸，结果是外圆柱面创建了两个矩形槽。主体为 ϕ30mm 圆拉伸 30mm，两个串连圆距离底面分别为 10mm 和 20mm。

> 🔑 **小技巧**
>
> 单击操作界面右下角的"半透明"按钮 🟡，或快捷组合键"Ctrl+T"，或单击"视图→外观→半透明度"按钮 ▨半透明度，切换实体为半透明显示，可鼠标拾取实体后面的串连曲线。

图 2-42 所示为根据图 1-9 零件，基于实体拉伸方法创建 3D 模型过程的图解，步骤为：①设置视角、绘图平面，并绘制三个圆；②拉伸主体实体；③添加凸台拉伸圆柱体；④提取边线拔模拉伸圆台；⑤倒圆角；⑥切割主体拉伸孔；⑦提取边线拔模拉伸孔底锥。

图 2-42　基于实体拉伸创建过程图解

> ⚠ **注意**
>
> 第 6、7 步还可以利用"实体→创建→孔"功能快速实现（见图 2-47）。

2）旋转实体的创建。旋转实体（_实按钮）指特征截面线绕旋转中心轴线旋转一定角度产生的实体模型，如图 2-43 所示。

旋转实体模型包括实心与薄壁两种模式，前者选择的特征截面串连线必须是封闭的，后者则必须是非封闭的（即部分串连），因此，编辑实体时常常用到"重选串连"按钮 🔗。薄壁实体的壁厚方向有三种选项：方向 1、方向 2 和两端，两个方向可设置不同的壁厚值。

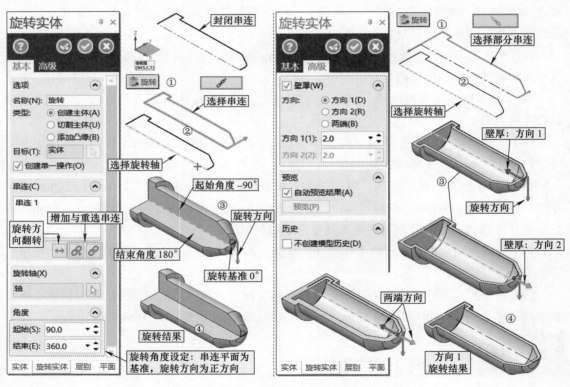

图 2-43　旋转操作步骤与示例

旋转实体的操作步骤简述如下：

1 单击"实体→创建→旋转"功能按钮 _实，弹出"线框串连"对话框（图中未示出）、"旋转实体"管理器和操作提示。

2 在弹出的"线框串连"对话框中设置串连选项（"串连"按钮 🖉 与"部分串连"

按钮 ），选择截面串连线。

3 选择旋转轴，可看到旋转实体预览。

4 在"旋转实体"管理器中设置相关旋转参数。

5 单击确认按钮 ，生成旋转实体。

若封闭串连线与旋转轴线分离，则旋转出的实体为环状结构，且可以设置壁厚，图 2-44 列举两例供读者研习。应当说明的是，数控车一般为 360° 的完整实体，基本无壁厚设置。

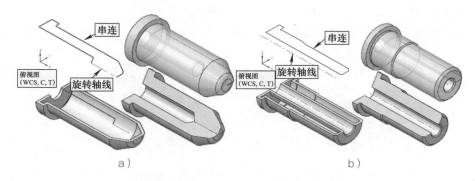

图 2-44　截面线与旋转轴分离的旋转实体示例

a）旋转轴线为串连曲线的一部分　b）旋转轴线与串连轴线分离

3）布尔运算。布尔运算（Boolean）功能（ 按钮）可将多个独立的实体模型，通过结合、切割与交集等布尔运算转化为一个实体模型。操作时，第一个选择的实体为"目标主体"，其余为"工具主体"，在切割运算时是用目标主体布尔运算工具主体后的实体，因此，此时选择实体的先后顺序会影响布尔运算后的结果。

图 2-45 所示为布尔运算示例。图中可见选择不同的目标主体，其切割运算的结果有所差异。另外，布尔运算后实体的颜色取决于目标主体。布尔运算的操作较为简单，按操作提示即可完成。

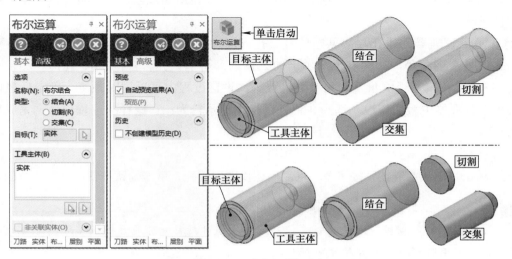

图 2-45　布尔运算示例

下面基于基本实体功能、辅助布尔运算功能，完成图 1-9 所示零件图的 3D 实体模型创建。图 2-46 所示为其创建过程，步骤如下：

1 在图 2-37 创建的实体基础上，在视窗下图设置 2D 模式，将构图深度 Z 设置为 –4mm，创建基本圆柱体②（半径为 4mm、高度为 40mm、实际嵌入深度为 36mm）；再次设置构图深度（36mm），创建圆锥体③（基本半径为 4mm、高度为 2.4mm，其最顶角约 118°）。

2 进行布尔"结合"运算，目标主体为①，工具主体为⑧和⑦，得到实体④；再次布尔运算，目标主体为②，工具主体为③，得到实体⑥。

3 进行布尔"切割"运算，目标主体为④，工具主体为⑥，得到结果实体⑤。

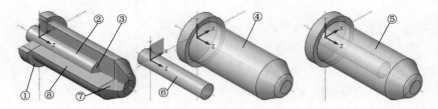

图 2-46　基于基本实体、辅助布尔运算功能创建零件 3D 模型图解

> **💡 提示**
>
> 读者可尝试将第 3 步改为布尔"交集"运算，观察结果实体与实体⑥的差异。

4）孔的创建。孔的创建是指在实体表面指定位置创建孔特征，孔样式中的类型有多种，选择的孔类型不同，其孔参数项目存在差异，按文字操作即可完成实体的孔创建。

图 2-47 所示为"孔"操作管理器及示例，创建过程简述如下：

① 单击"实体→创建→孔"功能按钮➡，弹出操作提示："选择目标主体将孔添加到"。

② 选择待创建孔的实体，继续弹出操作提示："使用面板修改孔设置"。（注意：面板即管理器）

③ 基于管理器创建孔，常见操作有：孔方向设置、孔位置选择、孔类型及其参数设置、孔口是否倒角等，如图右上角示例的设置为：简单钻孔，直径 8.0、孔深 36.0、孔底锥角 118°、孔口是否倒角及倒角参数设置等，设置过程中可以同时预览，确定后也可从"实体"管理器中激活修改。选择孔位置后操作提示转为："选择孔位置顶部，完成后按 [Enter]"。

④ 孔样式与参数预览满意后，按回车键结束。

⑤ 单击"确认并继续"按钮☉，重复上述步骤创建孔。单击确认按钮☉，完成孔创建。

> **📖 说明**
>
> 管理器中的"模板"默认为折叠状态，单击展开按钮⌄可展开模板（如图 2-47 右上所示），不用时可单击折叠按钮⌃折叠。

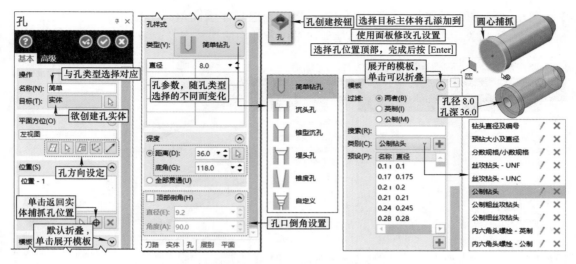

图 2-47 "孔"操作管理器及示例

> **提示**
>
> 基于"孔"功能创建孔专业性强，且孔的创建速度快、实用，值得研习。

5）倒角。实体倒角指在实体的边缘处按指定的倒角参数进行倒角，系统提供了单一距离倒角、不同距离倒角和距离与角度倒角三种倒角方法，它们集成在一个下拉菜单中，（图 2-48）。三种倒角操作步骤基本相同，简述如下：

① 单击相关倒角功能按钮，弹出操作管理器、操作提示与实体选择对话框。

② 按实体选择对话框提示，选择待倒角的边缘线，弹出选择参考面对话框，单击"其他面"按钮，选择参考面（本图例均选择端面作为参考面），单击确定按钮退出"选择参考面"对话框。

③ 在操作管理器中设置倒角参数，单击确认按钮完成倒角操作。

> **提示**
>
> 参考面上的距离参数是"距离1（1）"或"距离（D）"的参数。

练习时，注意不断改变参数，根据预览图形领悟设置内容。

6）倒圆角。实体倒圆角指在实体的边缘处按指定的圆弧参数倒出圆角，系统提供了固定半径倒圆角、面与面倒圆角和变半径倒圆角三种，它们集成在一个下拉菜单中（见图 2-49），其中最后一种在回转体车削加工中基本用不到，这里不作赘述。

① 固定半径倒圆角。这是基本的倒圆角操作，其是基于所选择的边界线、面或实体等倒圆角，如图 2-49 所示。图中 1、2 为边界线，3 为端面，4 为圆柱面，5 为阶梯面。固定半径倒圆角操作较为简单，操作过程按提示即可完成，这里不作赘述。右侧各图例简述：图ⓐ为练习模型几何参数，建议读者自行完成练习；图ⓑ为练习原始模型；图ⓒ为选择线 2 倒圆角或面 3 倒圆角 R3；图ⓓ为选择线 2 倒圆角 R3；图ⓔ为同时选择线 1 和 2 或者选择面

3 倒圆角 $R3$；图ⓕ为选择面 5 倒圆角 $R2$；图ⓖ为选择体倒圆角；图ⓗ为分别选择线 1 和 2 倒圆角 $R1.5$ 和 $R4$。固定半径倒圆角功能在车削零件中应用较多，读者应加强学习。

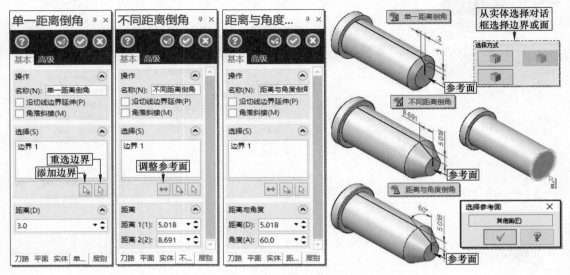

图 2-48 "倒角"操作图解

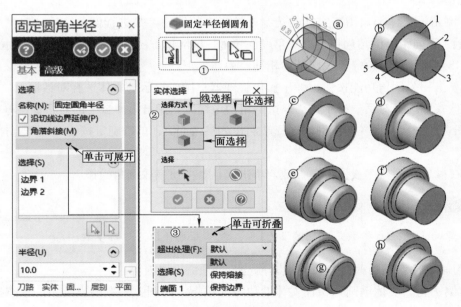

图 2-49 固定半径倒圆角示例

选择倒圆角操作时注意：

a）鼠标移动时悬停光标的变化，可帮助选择线、面和体，参见图 2-49 标识①处框出的各种鼠标变化。

b）弹出的"实体选择"对话框可对线、面和体等进行过滤选择，参见图 2-49 标识②处。

c）碰到倒圆角报错时，可展开超出处理的选项，并进行尝试，参见图 2-49 标识③处。

② 面与面倒圆角 🔩。通过指定的第一面与第二面之间，基于半径、宽度与比率、控制

线三种方式倒圆角，如图 2-50 所示，从操作管理器选项区（参见图 2-50 标识①处）可见，有三个选项：

a）半径倒圆角。选择该项会激活半径设置区文本框（参见图 2-50 标识②处），并可设置半径值，倒圆角结果类似固定半径倒圆角，图 2-50b 所示倒圆角半径为 *R3*。

b）宽度倒圆角。选择该项会激活宽度设置区（参见图 2-50 标识③处），可设置的参数为宽度和比率，用于控制倒圆角形状，图示倒圆角参数为宽度 8.0、比率 2.0。所谓宽度，指的是圆弧弦的长度，比率指的是第二组面上弦的高度与第一组面的弦高度的比值。第一、二组面的顺序是按面选择的顺序确定的，图 2-50c 右上角的放大图显示，弦长为 8 时两弦高分别为 7.155 和 3.578（系统自动计算的）。当比率为 1 时，倒圆角类似固定半径倒圆角。宽度倒圆角的母线是一根非圆的过渡曲线。

c）控制线倒圆角。选择该项会激活控制线设置区（参见图 2-50 标识④处），即激活了边界文本框右下角的选择按钮⬚、⬚和控制线方式单选按钮。控制线倒圆角方式分为单一侧面控制线与双向控制线。单一侧面控制线方式要求选择边界控制线，可一条或多条边界线（封闭而成），如图 2-50d 为一条，而图 2-50f 为两条。双向控制向方式不需要选择控制线，系统会基于选择的面确定两边界线，如图 2-50e 和图 2-50g 所示。单一侧面控制线倒圆角的半径值为最大可能的半径值，且半径固定不变，即固定半径倒圆角的特例情况，而双向控制线倒圆角弧线是在两条控制线之间均匀过渡的曲线。注意，采用双向控制线倒圆角方式时，一条控制线为非圆曲线的变化更为丰富，如图 2-50f 和图 2-50g 所示的一条控制线为椭圆的效果，但这种情况不适合车削加工的回转体模型。

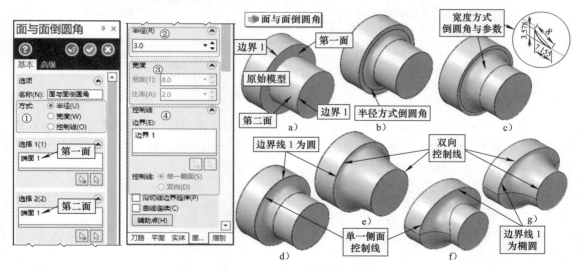

图 2-50　面与面倒圆角示例

2.3　数控车床编程模型的外部导入

图 1-8 中谈到，CAD 模型的准备可在 Mastercam 软件的设计模块中实现，还可以外部

导入 CAD 模型，从 Mastercam 编程的特点来看，导入的模型主要有 2D 线图和 3D 立体模型，这里以实际中应用广泛的 AutoCAD 的图形文件（DXF 或 DWG 格式）和 3D 模型常见的 STEP 格式文件为例进行讨论。

2.3.1 — AutoCAD 模型的导入

在 Mastercam 自动编程中，2D 模型可直接用于车削加工编程，而 AutoCAD 是二维图形绘制应用广泛的软件之一，因此，Mastercam 提供了 AutoCAD 文件的导入接口，可方便读取 *.dwg 和 *.dxf 等格式的文件。

1. AutoCAD 模型

图 2-51 所示零件，假设已具有"样例 2.dxf"文件，①材料：45 钢，毛坯尺寸为 ϕ50mm×95mm；②加工工艺：首先加工左端，钻 ϕ18mm（深约 36mm）孔→车端面→粗、精车外圆→车三个外圆槽→车螺纹底孔，车 ϕ20mm 内孔→车内沟槽→车内螺纹；然后调头加工右端，粗车外圆→精车外圆至尺寸。

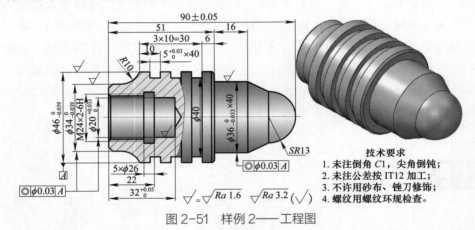

图 2-51　样例 2——工程图

依据加工图和加工工艺，结合 Mastercam 数控车削编程模型的要求，特准备了待导入的"样例 2- 左端 *.dxf"和"样例 2- 右端 .dxf"文档，如图 2-52 所示，注意图中的字母、文字、原点符号和圆圈符号均不属于模型内容，可以不用绘出。

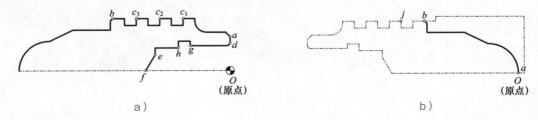

图 2-52　样例 2 编程模型
a）左端加工　b）右端加工

图 2-52a 为左端加工 AutoCAD 模型，由于毛坯为圆柱体，可以基于参数设置，故不需要绘制毛坯框线。中心线右端点为坐标系原点，Z 坐标与 a、b 点相同，模型导入 Mastercam

后运用"移动到原点"功能（ 按钮）将其快速设置为工件坐标系。若想获得 3D 模型，可将中心线 f 点右侧部分删除，获得一个封闭串连，用旋转法创建旋转 3D 实体。串连 ab 为外轮廓右端加工框线，实际加工时串连终点 b 适当延长，c_1、c_2、c_3 为 1 点法定义沟槽的位置点，串连 de 为内轮廓右端加工框线，点 g、h 为内沟槽串连的起点、终点，可作为串连法定义沟槽的串连 gh，f 点可作为钻孔深度的参考点。

图 2-52b 为右端加工 AutoCAD 模型，工件坐标系设置在 a 点，加工串连 ab 为点 a 经过圆弧至点 b 的曲线，由于其为调头加工，为增加视觉效果，特准备了右端加工半成品毛坯框线，图中的双点划线与中心线（点划线）组成的封闭串连，用于在 Mastercam 编程时设置毛坯。图中点 j 为单动卡盘装夹点。另外，从 a 点沿着加工串连到 b 点，再往逆时针方向经过左端加工后的轮廓线（双点划线），继续经过中心线回到 a，构成一个封闭的串连，可以用旋转法创建旋转 3D 零件实体。

2．AutoCAD 模型导入方法

AutoCAD 模型的导入方法较为简单，下面以图 2-52b 所示右端的模型——样例 2- 右端 .dxf 为例，介绍其导入过程，如图 2-53 所示。

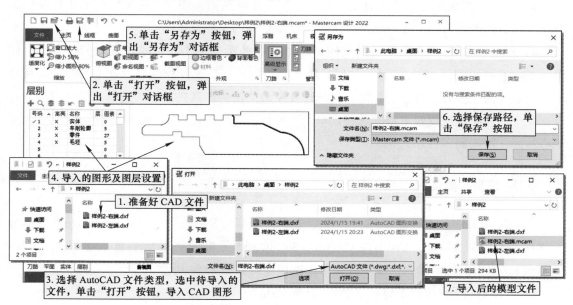

图 2-53　AutoCAD 文件导入过程图解

说明

对导入的模型及图层进行编辑，如将图层 0 命名为实体层，将图层 1 ~ 3 分别为命名为车削轮廓层、零件层和毛坯层，并从右键弹出的快捷菜单中的"设置全部"功能（ 按钮）弹出的对话框，将选中的图素设置到相应的图层中，并改变图素颜色、线型等属性。具体要求为（见图 2-52）：点 a 逆时针至点 b 这段放置在毛坯层，加工串连 ab 段放置在车削轮廓层，点 a 顺时针至点 b 这段放置在零件层。

⚠ **注意**

在导入 AutoCAD 文件时，若遇到不能识别文件的现象，可尝试将 AutoCAD 文件另存为更低版本格式文件或更换为 *.dxf 格式文件，这一点在使用较低版本 Mastercam 软件或较高版本 AutoCAD 软件时出现的可能性较大。

在图 2-53 所示的导入过程中，读者可尝试以下几种操作方法，熟悉和研习 Mastercam 的基本操作。

1）单击"转换→移动到原点"功能按钮，按操作提示选择点 *a*，可快速将 *a* 点连同全部图素快速移动至系统原点，建立工件坐标系。

2）练习建立图层，并将相关图素设置到所需的图层，然后设置所需的颜色、线型、线宽等属性。例如，图 2-52 中，所有线型均为连续线，加工串连线为粗实线，其余为细实线，所有线的颜色为黑色等。

3）单击车削轮廓图层的高亮控制按钮"×"，可关闭该图层。剩余的线框正好是加工完成左端后的毛坯封闭串连，这个串连可用于编程时的毛坯设置。

4）单击"实体→旋转"功能按钮，建立零件实体模型。注意，先选择图层 1（如图 2-53 中符号列有一个勾符号），然后用"串连"方式，选择圆弧靠近 *a* 点的部分，高亮显示的串连曲线到分支点 *b* 会暂停，再选择往左边的箭头，高亮显示的选择曲线终点会与起点 *a* 重合，从而实现旋转串连的选择，单击"线框串连"对话框中的确认按钮，按要求选择中心轴线，可得到零件 3D 实体。

2.3.2 — STP 实体模型的导入与车削轮廓的提取

STP 格式文件是一种通用的三维模型交换文件，文件后缀名为 *.stp 或 *.step，大部分工程应用软件，如 UG、CATIA、PRO-E、Solidworks 等都能够输出与读取该格式文件，Mastercam 也不例外，导入操作步骤如下，操作图解如图 2-54 所示。

1）准备好待导入的 STP 格式文件（样例 2.stp）。

2）启动 Mastercam 软件，在快速访问工具栏中单击"打开"按钮，弹出"打开"对话框。

3）展开打开对话框右下角的文件类型列表，将文件类型选择为 STEP 文件 (*.stp;*.step)，找到待导入的 STP 文件，必要时可重新命名文件名（默认文件名为 STP 格式文件的文件名）。

4）单击"打开"按钮 打开(O)，读取 STP 文件，这时可在 Mastercam 软件绘图区看到导入的模型。

后续可保存该文件备用，或直接用于后续的编程操作，具体操作略。

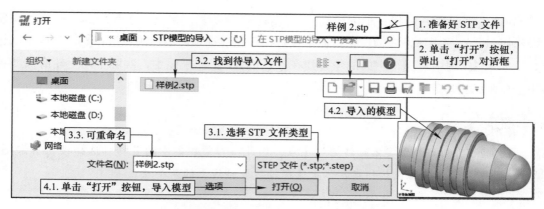

图 2-54　STP 格式文件导入过程图解

⚠ **注意**

STP 格式文件导入的模型是一个实体模型。若是 IGS 格式文件，导入的模型则是一个曲面模型。故笔者推荐使用 STP 格式 3D 模型。

数控车削模型的工件坐标系一般建立在工件端面几何中心位置，而外部文件建模时的位置不一定满足这个要求。另外，过轴线的模型截面线类似于前面导入的 2D 模型，这均是数控车编程时常做的工作，下面来练习一下这两个要求的实现，如图 2-55 所示。

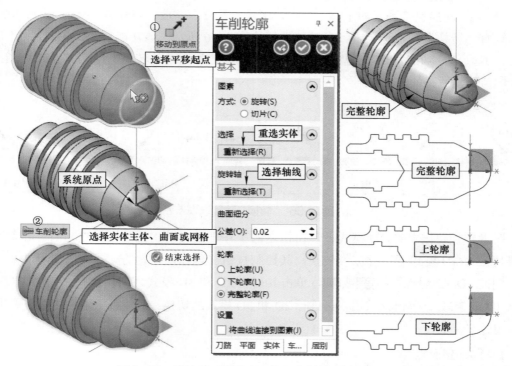

图 2-55　快速移动到原点和提取车削轮廓操作示例

1）快速移动到原点操作。单击"转换→移动到原点"功能按钮，鼠标捕抓球头底圆中心，可将该点快速移动至系统原点。

2）单击"线框→形状→车削轮廓"功能按钮 车削轮廓 ，弹出"车削轮廓"操作管理器和操作提示，选择实体，在操作管理器中设置提取轮廓选项，单击确认按钮 ⊙ ，生成车削轮廓。从图示 3D 图中可见，生成的轮廓线在默认的 XY 工作平面中，实际中，上轮廓曲线更多用于车削编程串连。

> **提示**
>
> 在图 2-55 中，由于实体轴线通过原点，因此操作管理器中的旋转轴选择按钮不需要操作，否则，必须单击该按钮在实体上选择轴线或轴线上的两个点。

2.4 数控车床编程模型的工艺处理

数控车削编程过程中模型的处理，主要包括图素的转换与无参模型的编辑，Mastercam 2022 中设有专门的"转换"与"模型准备"功能选项卡管理这些功能。

2.4.1 —— 2D 图形与 3D 模型的转换

"转换"功能包括图素的平移、旋转、镜像、补正、缩放、阵列等，Mastercam 2022 中专门设有"转换"功能选项卡，各功能按钮如图 2-56 所示。该功能在 2D 图形绘制中应用广泛，但大部分功能对 3D 模型同样有效，故可称之为图素的转换，所谓图素，泛指点、线、面与体几何特征。

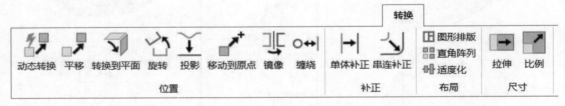

图 2-56 "转换"功能选项卡

图素转换可限制在 2D 模式下，在指定的工作平面（即构图平面）中进行二维转换，也可切换至 3D 模式下进行三维转换，其控制按钮出现在两个地方，一是下部状态栏 Z 坐标右侧的 2D/3D 切换按钮 2D 或 3D ，单击其可在 2D 和 3D 模式之间切换；二是"主页→属性→ 2D 或 3D"，单击该按钮亦可进行 2D 和 3D 模式的切换。显然，状态栏的操作更快捷，故应用较多。

1. 移动到原点

移动到原点的操作较为简单（见图 2-55），故应用较多，必须熟练掌握与理解。该功能原意是建立工件坐标系，操作结果是将整个模型上的指定点（连同其所有图素）移动至系统世界坐标系的原点，从相对运动的角度看，亦可理解为模型不动，将世界坐标系定位到模型的指定点上。具体操作略。

2．动态转换

"动态转换"功能（■按钮）是基于动态坐标指针操纵几何图素的方向和位置，进行移动与旋转等的操作。其中包括动态指针的定位操作与动态指针对几何图素的转换操作两项内容。

（1）"动态指针"及其操作　所谓指针，即坐标系，动态指针是基于坐标系操控实现图形转换的工具按钮集合。

动态指针是一个类似于坐标系图标的操控图形按钮，其包含 X、Y、Z 三个平移的坐标轴和三个绕坐标轴旋转的坐标轴（见图 2-57a），激活后可移动或旋转几何体或坐标系。X、Y 轴构成的平面（见图 2-57b），激活后（显示成黄色）可将该平面所在的几何体平面转换为与选定平面对齐，或将坐标系的 XY 平面与选定的坐标系对齐。坐标系原点球（见图 2-57b）被激活后（显示成黄色），可整体平移几何体至选定点或平移坐标系至选点。动态指针操作有几何体操控与坐标系操控两种，前者用于转换几何图素，后者用于转换坐标指针。系统默认为几何体操作（"动态"操作管理器"高级"选项卡指针模式的"当前放置时设置为图形"的复选框为勾选状态），其坐标系光标为■，光标移动至坐标左下角可看到几何体图标■，如图 2-57c 所示，单击该图标可切换为坐标系操作，光标转化为■，同时几何体图标转化为指针图标■，同理，单击该图标可切换为几何体操作，也就是说，坐标系左下角的几何体图标■或指针图标■是一个可触发的切换按钮。

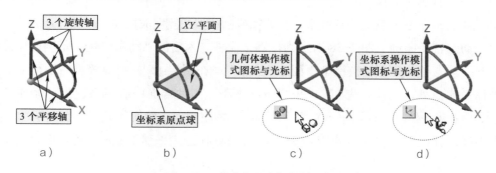

图 2-57　"动态平移"指针图解
a）平移与旋转轴　b）XY 平面与坐标系原点球　c）几何体操控　d）坐标系操控

> 🎛 **说明**
>
> 　　图 2-57 中的坐标指针为 **3D** 绘图模式下显示的指针，若切换至 **2D** 绘图模式，则坐标指针只有构图平面对应的两个坐标轴，参见图 2-58 右侧的图例。

（2）动态指针转换几何图素的操作　具体步骤如下：

1）单击"转换→位置→动态转换"功能按钮■，弹出"动态"操作管理器和操作提示："选择图素移动 / 复制"。

2）选择欲动态转换的几何图素，按回车键或单击■结束选择，激活随光标移动的动态指针，出现操作提示："选择指针的原点位置"。

3）鼠标单击拾取（捕抓）某点确定指针原点位置（可充分运用捕抓功能，一般在选择的图形上会产生一个临时几何中心图标 ⊙），指针固定（默认为几何体操作模式 ），继续出现操作提示："操纵图形：选择指针轴去编辑或按应用 / 确定或双击鼠标接受结果"。

> ⚠ **注意**
>
> 若对指定的指针原点位置不满意，可切换为指针的坐标系操作模式 ，重新拾取指针的原点位置，详见图 2-57 的操作。

4）确认动态指针为几何体转换操作模式（光标显示为 ），用"移动"或"复制"方式转换图素。

① 移动：将所选的几何图形从一个位置移动到另一个位置。可操作坐标轴或原点移动。

② 复制：在新位置复制一个所选择的几何图素。可操作坐标轴或原点复制。

基于动态指针可操作几何图素的转换，包括沿坐标轴的移动以及绕坐标轴的转动。鼠标拾取直角坐标轴激活平移操作后，坐标轴与几何图素随着光标移动，并弹出直标尺与参数文本框，鼠标单击确定可平移终点位置，若键盘输入移动参数值，可准确控制平移距离。同理，激活旋转轴后，弹出角度标尺盘与角度参数文本框，其余操作相同。

5）单击确认按钮完成转换。确定方法有多种：

① 按回车键确定完成。

② 双击鼠标确定完成。

③ 单击管理器右上角的确认并继续按钮 或确认按钮 完成操作。

（3）动态转换图例　图 2-58 所示为样例 1 模型导入后的"动态转化"示例操作图解，简述如下：首先导入动态转换模型"图 2-58.stp"（在图层 1），可见模型右端面中心不在系统坐标系原点处，为此，先在 3D 模式下动态平移工件端面中心至系统坐标系原点，见图示第 1 ～ 6 步。然后，提取车削轮廓至图层 2，关闭图层 1 的实体显示，切换至 2D 模式，补齐中心线，并以图形移动方式旋转 25°，再以复制方式平移 15mm，操作步骤见第 7 ～ 12 步。

补充练习：在图层 3 以第 9 步的线框旋转方式创建一个 3D 实体，再选择实体复制方式进行动态平移，从而得到一个新的实体；然后，以同样的方式在图层 4 中选择第 7 步提取图素的实体复制，动态平移得到一个新实体，看一看这两个复制得到的实体有什么差异？

另外，"动态"操作管理器中"方式"选项区还可设置为双向的转换，"类型"选项区阵列对话框中可设置转换图素的数量等。

> ⚠ **注意**
>
> 基于系统"实体→创建→旋转 / 拉伸…"等功能创建的实体，其草图曲线与其是关联的，进行动态复制操作时，二者会同时复制或移动出来。这个问题从动态移动操作时弹出的警告对话框就可见一斑了。

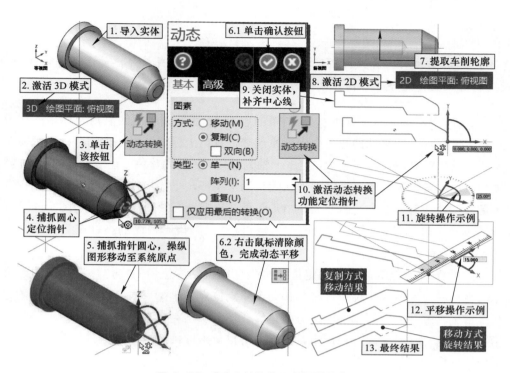

图 2-58　"动态转换"示例操作图解

3．平移

平移，即平行移动，"平移"功能（📐按钮）可操作几何体，使其在指定平面或三维空间中移动，移动过程中几何体方向保持不变。Mastercam 软件的平移操作有正交直角坐标轴平移操作和极坐标极轴平移操作两种，3D 模式下还可以配合构图平面垂直 Z 轴平移几何图素。

（1）"平移"指针及其操作　"平移"指针也是一个平移几何图素操作的工具按钮集合。"平移"指针有正交直角坐标指针和极坐标指针两种，如图 2-59 所示。正交直角坐标指针的 XY 平面以及极坐标指针旋转平面与构图平面平行，也就是说，这两个平面的空间方位与构图平面的设置有关。2D 模式下的平移操作就主要在这个平面中进行，3D 模式进一步在垂直轴（即 Z 轴）进行平移操作，且可以三轴依次在一个操作中完成，或极轴移动与 Z 轴（管理器操作）在同一操作中完成。

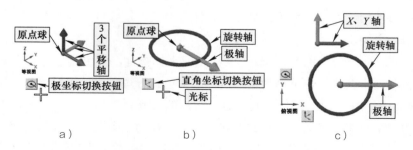

图 2-59　"平移"坐标指针图解（构图平面：俯视图）
a）等视图视角直角坐标指针　b）等视图视角极坐标指针　c）视图视角坐标指针

> **提示**
>
> 不同构图平面的直角坐标指针与极坐标指针的方位存在差异，读者可在等视图视角下改变构图平面，配合观察指针方位的变化，加深对指针含义的理解。

在图 2-59 中，图 a 与图 b 所示为等视图视角俯视图构图平面的直角坐标指针和极坐标指针，直角坐标有三个坐标轴与一个坐标原点球，直角坐标指针坐标轴的名称与视窗左下角坐标系图标的颜色对应（即 X 轴为红色、Y 轴为绿色、Z 轴为蓝色），极坐标的极轴为绿色、旋转轴为蓝色。操作过程中，光标的形式始终为十字形，平移指针左下角有极坐标指针与直角坐标指针切换按钮，直角坐标指针的 XY 平面以及极坐标的旋转平面与构图平面平行，极坐标指针没有 Z 轴指针，只能由操作管理器控制。二维投影视图的指针仅为两轴，主要用于 2D 模式的图素平移。

指针的操作之一是坐标指针的定位和极坐标轴极轴方位角的定位，坐标系的定位可用鼠标单击坐标原点球激活坐标系，将其移动至新定位点并单击完成。极坐标方位角的定位可用鼠标单击旋转轴并旋转极轴至所需方位角度，然后单击完成。

指针的操作之二是平移几何图素，鼠标单击直角坐标轴可沿相应轴方向平移几何图素，或单击极坐标极轴平移几何图素。

（2）几何图素的平移操作　一般以指针操作为主，配合操作管理器完成。单击"转换→位置→平移"功能按钮 ↗，激活平移操作时，坐标系指针默认在几何体几何中心位置，这个位置往往不在几何体的特定位置，因此首先要将坐标指针定位在几何体的特殊位置，如车削加工常定位在圆柱体端面圆心位置，然后再进行几何体平移操作。

1）指针操作分析。这是平移几何图素的主要方法，平移功能在 3D 绘图模式下为三维正交坐标系 (x, y, z) 或柱面坐标坐标系 (ρ, ϕ, z) 的三个坐标参数联合移动的结果，而在 2D 绘图模式下，只能在绘图工作平面系 (x, y) 和极坐标系 (ρ, ϕ) 内两轴联合移动，或进行第三轴参数 z 的单独移动操作。

"平移"指针操作的方法与规则如下：

a）鼠标单击坐标系原点球激活坐标系移动指针，并随着光标移动至新的目标点（可捕抓获得），单击鼠标，设置坐标指针的位置。

b）鼠标单击旋转坐标轴激活极坐标旋转角度坐标指针，弹出旋转刻度盘及参数文本框，参数值随鼠标移动同步变化，也可键盘输入具体参数值，定位极坐标极轴的方位，管理器中极坐标角度值与之同步变化。

c）鼠标单击直角坐标指针坐标轴，激活相应坐标指针，弹出直标尺与参数文本框，参数值随鼠标移动同步变化，也可键盘输入具体参数值，管理器中的坐标值与之同步变化。

2）管理器（见图 2-61）操作。其中包括常规的"复制"与"平移"操作方式的选择、移动几何体的数量设置、移动几何体的方向设定、平移的三个正交坐标轴的增量文本框设置以及极坐标的长度与角度文本框的设置，其可以直接输入数值准确移动，或通过文本框右侧的微调按钮 ↕ 细微调整。其中，极坐标 3D 模式平移时的 Z 轴只能通过"增量"选项区的

Z 轴文本框调整。

（3）"平移"操作图例　图 2-60 所示为样例 1 模型导入后的"平移"指针操作示例图解，导入的模型右端面圆心不在系统坐标系原点位置，这里介绍基于"平移"功能通过三个坐标轴平移捕抓系统原点，导入模型并建立工件坐标系的建立过程。

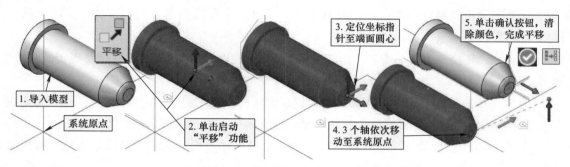

图 2-60　"平移"指针操作示例图解

图 2-61 所示的平移操作主要显示操作管理器在平移操作中的作用。对于已知平移参数的情况，直接利用管理器操作更为方便。

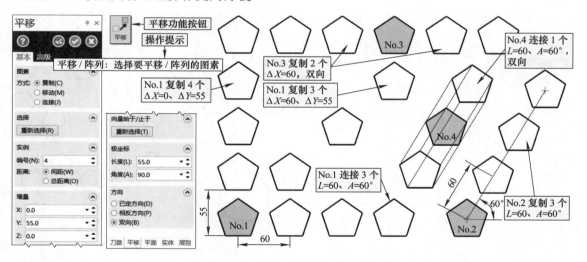

图 2-61　"平移"管理器操作示例图解

> ⚠ **注意**
>
> "平移"指针操作配合管理器可进一步提高工作效率与转换精度。

> 💡 **提示**
>
> "平移"功能可用于几何体的复制与阵列。

4. 旋转

"旋转"功能（🔄按钮）可实现图素绕中心点旋转的复制、移动、环形阵列等操作，其操作方法同样可用操作管理器或旋转指针进行。对于旋转操作的指针操作，具有前述指针操作经验后，直接实践便可学会，此处不作详述。这里主要讨论"旋转"管理器操作。图 2-62 所示为一个五边形图形基于分布圆旋转的示例，基本图形参见 No.0 图示，显然旋转中心点须捕抓获得，管理器的各项含义，读者可通过图示的 8 个示例研习体会，各图例操作基本相同，以下以 No.1 图示为例介绍操作过程。

No.1 图示旋转操作参数：图素复制方式，实例 6 个整圆均布，旋转方式，定向方向。操纵步骤如下：

1 单击"转换→位置→旋转"功能按钮 ，弹出操作提示："旋转：选择要旋转的图素"和"旋转"管理器。

2 窗选待旋转的五边形，图形显示为黄底虚线，按回车键或单击结束按钮 结束选择 完成选择，同时激活"旋转"管理器，默认以坐标原点为中心点显示旋转指针图素。

3 按图示管理器设置参数，其中可单击"旋转中心点"选项区的"重新选择"按钮捕抓分布圆圆心，也可拖动旋转指针原点至分布圆圆心。

4 设置参数并观察预览结果，满足要求后按回车键或单击确认按钮 完成模型旋转。

⚠ **注意**

旋转后的图形显示成紫色，要单击"清除颜色"按钮 恢复图形属性设置的颜色。

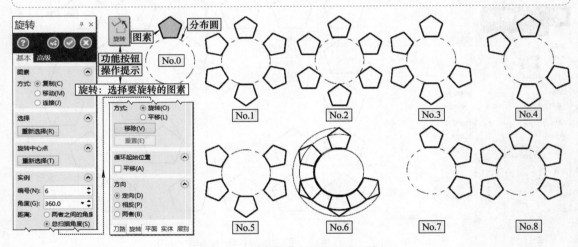

图 2-62　"旋转"管理器操作示例

其余示例读者可按以下参数要求进行研习。

No.2 参数：图素复制方式，实例 6 个整圆均布，平移方式，定向方向。

No.3 参数：图素复制方式，实例 5 个增量角 60°，旋转方式，定向方向。

No.4 参数：图素复制方式，实例 5 个增量角 60°，旋转方式，移除第 3 个图素，定向方向。

No.5 参数：图素移动方式，实例 6 个整圆均布，旋转方式，定向方向。

No.6 参数：图素连接方式，实例 5 个增量角 60°，旋转方式，定向方向。

No.7 参数：图素复制方式，实例 2 个增量角 60°，旋转方式，相反方向。

No.8 参数：图素复制方式，实例 2 个增量角 60°，旋转方式，双向方向。

图 2-63 所示为对样例 1 的旋转操作，用于实现数控车削加工常用的工件调头车削模型的创建。已知样例 1 旋转操作的练习模型文件"图 2-63.stp"，导入后从等视图视角可见其端面几何中心与系统原点重合。

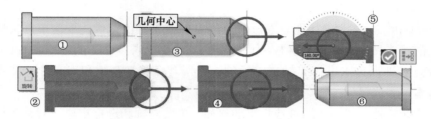

图 2-63 "旋转"功能指针操作示例图解

图 2-63 所示操作练习简述：①导入模型，提取车削轮廓；②单击"转换→位置→旋转"功能按钮，默认旋转指针在系统原点位置；③单击指针原点球，激活指针移动，可见模型上的几何中心符号；④移动鼠标指针至模型几何中心；⑤指针操作模型旋转 180°；⑥单击确认按钮，右击鼠标打开快捷菜单，单击"清除颜色"按钮，完成旋转操作。注意，图 2-63 仅旋转了实体模型，车削轮廓未随之旋转，并不能用于后续车削轮廓串连。

💡 **提示**

本示例旋转后的左端面正好与系统中心重合，可用于掉头后的加工模型。读者可通过本示例领悟模型几何中心的含义。

5. 镜像

"镜像"的原意为从镜子内看到的镜前的物体影像，CAD 软件的镜像一般为通过某直线或平面的对称图形。"镜像"操作主要通过操作管理器实现，单击"转换→位置→镜像"功能按钮，弹出操作提示："镜像：选择要镜像的图素"和"镜像"管理器，选择图素并设置镜像轴线等，如图 2-64 所示。

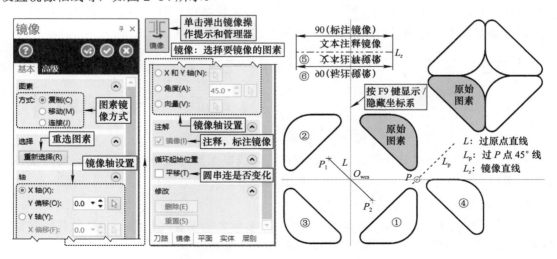

图 2-64 "镜像"对话框及镜像示例

图 2-64 说明：

1）管理器的主要功能参见图解说明，图中示例显示的是"复制"方式，"移动"与"复制"的差异是原始图形是否存在，"连接"是指镜像前后的图形主要点由投影线相连，具体可通过实操体会。

2）图形①和②分别为原始图素通过原点的 X 轴或 Y 轴的镜像，单击单选按钮后，会激活文本框后的箭头按钮⬚，单击弹出操作提示："选择参考点"（图中拾取 WCS 坐标系原点），拾取点后则以该点进行 X 轴或 Y 轴的镜像。其余镜像基本相同，含义基本如下，按操作提示基本可完成操作。

● "X 和 Y 轴"选项：通过选定点的 X 轴、Y 轴对称和选定点原点对称镜像。可同时镜像出结果①、②和③。

● "角度"选项：通过指定点和角度（相当于极坐标直线 L_p）镜像。如图 2-64 中的结果④。

● "向量"选项：通过直线或两点等确定镜像线。如图 2-64 中的结果③等。

3）右上角的镜像操作，读者可自行确定镜像方案。

4）勾选"注解"选项区的"镜像"选项，可对标注和注释等进行镜像，如图 2-64 中的结果⑤和⑥。

5）"循环起始位置"选项区的"平移"复选框可控制具有串连起点的圆等镜像后是否变化。

6）用"X 和 Y 轴"选项指定原点镜像时，会激活"修改"选项区的两个按钮——删除和重置，可对三个镜像结果进行有选择性的保留。

图 2-65 所示为接着图 2-63 镜像其车削轮廓线框。操作步骤简述如下：①启动图 2-63 所示结果文件，关闭实体显示，仅保留车削轮廓线框；②单击"转换→位置→镜像"功能按钮⬚，并弹出"镜像"操作管理器，默认参数与最近一次镜像操作有关，图示显示为 Y 轴镜像，原点对称，并显示图形几何中心符号⬚；③单击"X 偏移"文本框右侧的选择按钮⬚，点取几何中心符号⬚，将显示几何中心镜像对称结果；④选择"移动"单选方式，则仅显示几何点镜像图形；⑤单击确认按钮⬚，右击鼠标打开快捷菜单，单击"清除颜色"按钮⬚，完成旋转操作；⑥重新显示实体模型。

图 2-65 "镜像"功能操作示例图解

从图 2-65 步骤⑥的图形可见，镜像对称后的线框图形与图 2-63 镜像后的实体模型提取的车削轮廓相同，满足调头车削端面与钻孔的要求。

6. 图素的补正——单体与串连补正

"补正"的英文为 Offset，国内市场数控行业多称之为偏置或补偿，CAD 软件也常称之为偏置或偏移，这里使用操作管理器的名称称呼——偏移。

单体指单个直线或圆弧等几何体，而串连指多个直线或圆弧等几何体通过串连对话框选中的封闭的串连或不封闭的部分串连。

在数控车削编程中，图素偏移可用于锻件毛坯轮廓的制作，锻件毛坯是在零件的基础上，对加工表面放出适当的加工余量，并考虑锻造工艺等因素获得的一种类似零件形状的回转几何体。下面以图 2-66 所示的样例 3 为例，基于偏移功能制作毛坯，假设单面余量在3mm 左右，则其毛坯图如右侧图所示，左端孔较小，不锻造出来。

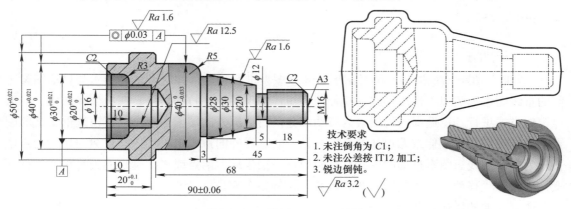

图 2-66　样例 3——工程图

"偏移"功能较为简单，单体与串连操作管理器内容详解可参考文献 [1] 和 [2]。图 2-67所示为毛坯制作图解，首先制作一个"样例 3- 模型 .dwg"文件，并将其导入 Mastercam 环境中，如图第 1 步所示，后续步骤如图所示，其中第 3 步列举的单体补正和部分串连补正两种方法取其一即可，偏移距离即毛坯加工余量，按实体框线和毛坯框线构造成两个实体并重叠观察，体会毛坯与实体之间的关系。

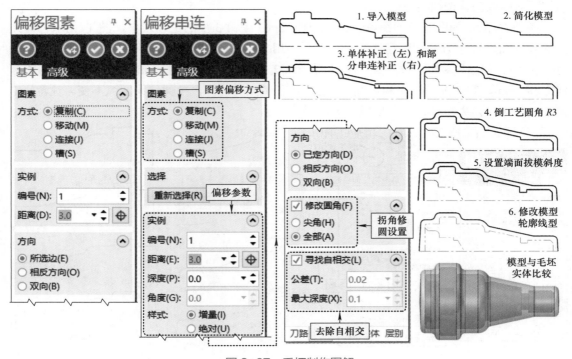

图 2-67　毛坯制作图解

分析：单体补正可以对不同部分放出不同的加工余量，而串连补正可快速完成余量设置，两者各有优点，读者自己体会与选用。

💡 提示

为了进行图线管理，可将简化模型与毛坯模型的图线分别放在不同图层中，根据需要关闭或显示。

---

7. 图素的拉伸（局部操作）

"拉伸"功能（▣➔按钮）可对图形的部分图素进行移动，并对未移动图素与移动图素之间的直线图素以类似于橡皮筋式的拉伸或缩短，实现图形的拉伸转换。在拉伸操作中，图形以窗选方式进行，窗选框内的图素为移动部分，窗选框外的图素固定不动，窗选框交叉的图素为以橡皮筋式的拉伸或缩短（圆弧除外），即直线外的点固定不动，与直线内移动的点连接成为新的直线。图素移动的方式有直角坐标、极坐标、两点或直线确定的矢量拉伸三种。变换方式有"移动"与"复制"两种，并可拉伸多个变换。

图素拉伸的操作步骤为：

1 单击"转换→尺寸→拉伸"功能按钮 ➔，弹出"拉伸"管理器与操作提示："拉伸：窗选相交的图素拉伸"。

2 窗选（含叉选）有关图素，按回车键或单击按钮 ✅结束选择 完成选择，在选中图素的几何中心弹出操作指针，同时激活操作管理器。

3 按指针拖放或操作管理器设置参数，进行拉伸，可预览拉伸图素，单击确认并继续按钮 ⊘继续或确认按钮 ⊘完成拉伸。

图 2-68 所示为图素拉伸图解，图 T_1 为图 2-67 中第 3 步的毛坯线框，图 T_2 为取消圆角后的线框图，T_1 下方的图为窗选编号，图例中用字母 C+ 数字表示，各拉伸名称为：窗选编号 _ 左 / 右 + 拉伸参数，如"C2_ 右 1"表示 C2 号窗选向右拉伸 1mm，其结果仅是右侧竖线右移 1mm，圆弧未动，因为窗选 C2 是叉选了圆弧的选择，拉伸结果圆弧不变。注意，T_2 图的拉伸顺序是先拉伸，最后倒圆角 $R3$。

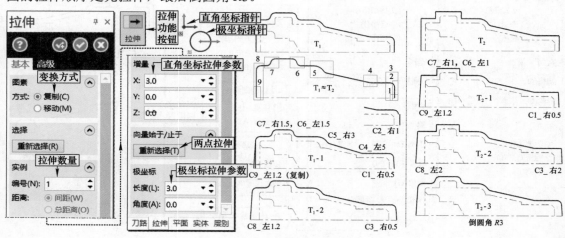

图 2-68　图素拉伸图解

8．比例

"比例"功能（■按钮）指以某一点为缩放中心，按一定的等比例或 X、Y、Z 坐标轴不等比例的规则缩放几何图形与实体。注意，X、Y、Z 不等比例缩放圆弧后，图形转换为样条曲线。

图 2-69 所示为一个内切圆直径为 ϕ60mm 的正六边形比例缩放示例。

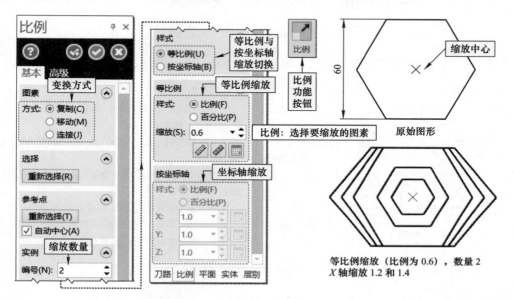

图 2-69　比例缩放示例

以图 2-69 为例，假设已完成六边形图形，其比例缩放操作步骤大致如下：

1）单击"转换→尺寸→比例"功能按钮■，弹出"比例"操作管理器和操作提示："比例：选择要缩放的图素"。

2）窗选六边形，按回车键或单击按钮 ✅结束选择 完成选择，激活"比例"操作管理器。

3）等比例缩放中间两个六角形。按图示管理器设置相关参数：图素复制，勾选"自动中心"，实例编号 2，样式等比例，等比例缩放（比例为 0.6），完成内部两个缩小的六边形复制。

4）X 轴不等比例缩放。"比例"管理器参数设置：图素复制，勾选"自动中心"，实例编号 1，样式按坐标轴，X 轴比例为 1.2，完成一个不等比例复制。

重复 X 轴不等比例缩放。X 轴比例为 1.4，其余同上，完成另一个不等比例复制。

9．线框图素的顶层编辑

在之前版本的 Mastercam 软件中，可使用"主页→分析→图素分析"功能选择图素，通过弹出的对话框和屏幕交互编辑图素，在 Mastercam 2022 中，无须对话框交互，只须双击图素激活定位球等顶层编辑图素。

图 2-70 所示为直线图素顶层编辑图解。

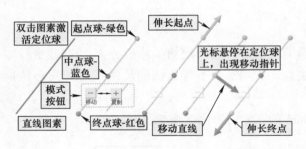

操作说明：

1）双击激活起点、终点和中点三个定位球；

2）单击模式按钮可在移动与复制间切换；

3）光标悬停在定位球上，会出现拖动指针，激活指针可定值精确延长／缩短或移动／复制图素；

4）用鼠标拖动起点、终点定位球，可任意改变其位置；

5）用鼠标拖动中点定位球，可任意移动或复制图素。

图 2-70　直线图素顶层编辑图解

图 2-71 所示为圆和圆弧图素顶层编辑图解。

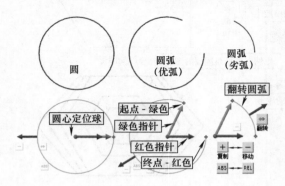

操作说明：

1）双击圆或圆弧可激活红色、绿色、蓝色三个指针，圆心定位球和红、绿十字端点；

2）蓝色箭头编辑半径，绿色／红色箭头编辑圆弧的起始／结束扫描角度；

3）光标悬停在指针上，会出现标尺和文本框，可精确编辑数值；

4）用鼠标拖动圆心定位球，可移动／复制圆或圆弧；

5）ABS/REL 按钮，可切换为扫描角度值的绝对／相对值；

6）翻转按钮控制圆弧在优／劣弧间的切换。

图 2-71　圆和圆弧图素顶层编辑图解

另外，双击"点"可激活顶层编辑移动或复制点；双击样条曲线可移动曲线或延长／缩短起、终点长度。

2.4.2　3D 无参模型的编辑与工艺模型的准备

本节主要介绍"模型准备"功能选项卡中的相关功能，如图 2-72 所示。其中的某些功能可对外部导入的 STP 格式的无参化 3D 模型进行适当的快速编辑，基于本书主要讨论回转体类实体模型的修改以及车削编程的特点，本书有选择性地讨论了有关功能，未尽功能可参阅参考文献 [1] 和 [2]。

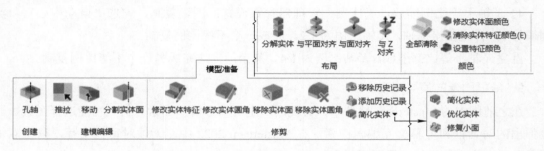

图 2-72　"模型准备"功能选项卡及其下拉菜单

首先，导入前述"样例 1.STP"模型，并另存为"图 2-73.mcam"作为练习文件。

1. 孔轴功能

孔轴功能用于创建实体孔的轴线及其相关图素，其轴线可设置两端的延伸、端点、圆等，并可显示提示圆柱面孔径和轴线方向等，所创建轴线等的属性使用当前系统属性设置。

单击"模型准备→创建→孔轴"功能按钮 ，激活"孔轴"功能，弹出操作管理器和选择孔面的操作提示，用鼠标拾取孔圆柱面（操作提示有多种选择方式，甚至窗选等均可），显示轴线预览，单击确认按钮完成孔轴线的创建，创建轴线的操作较简单，直接按操作提示操作即可。图 2-73 所示为练习示例，导入的模型为"图 2-73.mcam"，图示图解分别显示了"反向等视图"和"等视图"两种显示方式的操作，注意两者孔面选择的差异。另外，激活孔轴功能时，会同时激活视窗上部快速选择工具栏中间的"选择实体面"按钮 ，有利于筛选实体面。

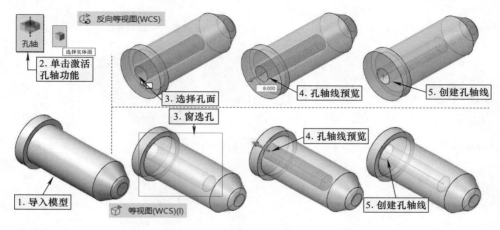

图 2-73　创建孔轴线示例图解

> **提示**
>
> "孔轴"操作管理器的参数选项较多，读者可在预览图示下改变参数观察领悟。

2. 推拉功能

"推拉"功能是无参模型编辑常用的编辑功能，可实现实体平面的推与拉操作，改变线性尺寸，可拉伸圆柱（孔）面改变半径参数，可拉伸圆角改变圆角半径，可将边缘线拉伸出圆角，也可将圆角拉伸为锐边，甚至可将孔的半径拉伸至 0，类似于删除几何孔特征。

图 2-74 所示为拉伸实体平面与孔面图解，导入"样例 1.STP"模型，并将其另存为"图 2-74.mcam"，推拉阶梯面 25mm，推拉底面 20mm，然后推拉圆孔半径至 5mm，再推拉底外圆半径至 15mm，最后推拉孔半径至 0，相当于删除了孔，操作完成后的实体另存为"图 2-74.mcam"（第 16 步）。考虑到无参模型编辑不可撤销操作，因此，可将主要操作结果另外存盘，如将操作至第 7 步的结果另存为"图 2-74-1.mcam"，将操作至第 13 步的结果另存为"图 2-74-2.mcam"。

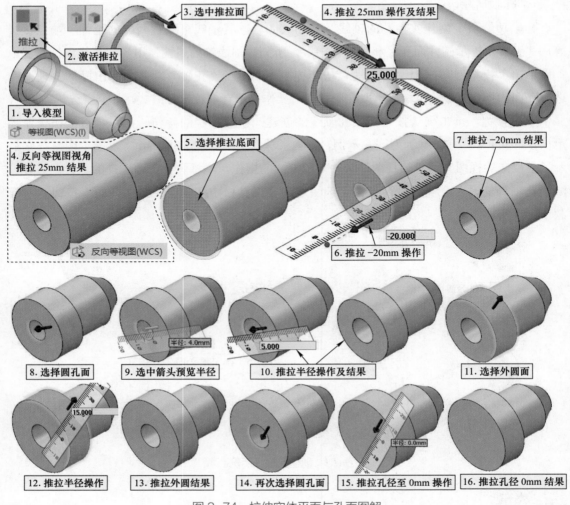

图 2-74　拉伸实体平面与孔面图解

"推拉"功能常见的操作为动态指针操作，操作管理器主要用于设置操作类型——移动或复制，一般采用移动。操作步骤简述如下：

1 单击"模型准备→建模编辑→推拉"功能按钮 🔧，弹出"推拉"操作管理器和选择推拉面操作提示。

2 按操作提示选择欲推拉的面，可看到选择面高亮显示，并出现一个推拉箭头。注意，选择视窗上部快速选择工具栏中间的"选择实体面"按钮 🔲 有利于筛选实体面。

3 单击箭头来激活推拉箭头，可拖动箭头带动推拉面移动，并出现推拉标尺和推拉值文本框，可参照推拉面位置和文本框值自由推拉，也可在文本框中输入推拉值进行准确推拉，按回车键完成数值的输入。

4 单击确认并继续按钮 ◎，完成一次拉伸操作并可继续推拉操作。单击确认按钮 ✅，则完成推拉操作并退出推拉操作。

关于推拉圆角的操作，如图 2-76 所示。

3．修改实体特征功能

"修改实体特征"功能（ ![按钮] 按钮），顾名思义是编辑几何特征，即编辑几何体，包括选取部分几何特征来创建一个新的几何特征、移除某一部分几何特征、将一个几个特征分离为两个独立的几何特征等，其对应"修改实体特征"操作管理器中的类型分别为：创建主体、移除、移除并创建主体。图 2-75 所示为"修改实体特征"功能操作示例图解，其导入的练习模型是"图 2-74-2.mcam"，分三种类型进行练习，一是创建实体，见上面的路径顺序；二是移除实体操作，见中间的路径顺序，结果类似于删除；三是移除并创建实体，见下面的路径顺序，类似于分离。

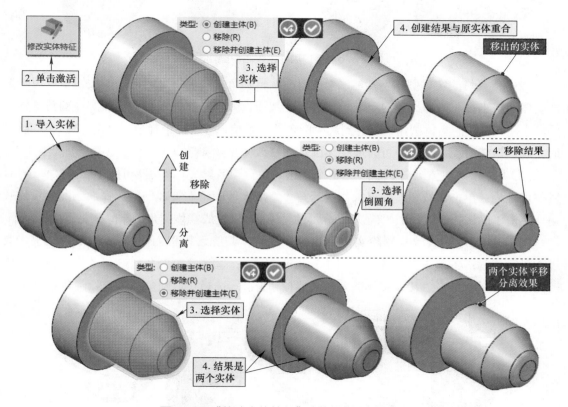

图 2-75 "修改实体特征"功能操作示例图解

4．圆角编辑与创建

圆角指两面相交的圆特征几何体的过渡部分，从图 2-72 可见，在"修剪"功能选项区有两个实体圆角编辑功能——修改实体圆角与移除实体圆角。另外，拉伸功能也可以拉伸圆角表面。

（1）用"推拉"功能创建和编辑实体圆角 推拉功能除了可推拉平面与孔面（见图 2-74），还可推拉圆角面，并可将两面相交的边缘线推拉出圆角，也可以将圆角半径值推拉至 0（即删除圆角），图 2-76 所示为推拉功能创建圆角操作图解，推拉改变圆角半径操作与前述孔面推拉相同，图中导入的练习模型是图 2-74 第 13 步的结果模型"图 2-74-2.mcam"。

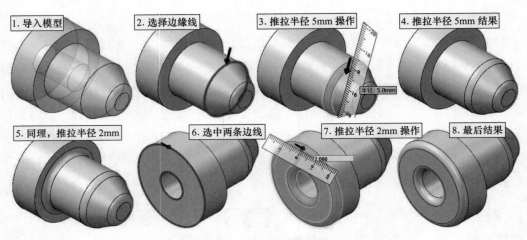

图 2-76　推拉功能创建圆角操作图解

（2）用"修改实体圆角"功能（⬛按钮）编辑圆角　顾名思义，该功能按钮主要用于编辑实体圆角半径，操作比较简单，单击该功能按钮，弹出操作提示与"修改实体圆角"管理器，选择欲修改的实体圆角，可看到选中圆角的半径值，修改该半径值，单击"确认并继续"或"确认"按钮⬛、⬛，即可完成实体圆角的修改（见图 2-76）。

（3）用"移除实体圆角"功能（⬛按钮）删圆角　顾名思义，该功能可用于删除实体圆角，操作过程为：单击该按钮，弹出操作提示与"修改实体圆角"管理器，选择欲删除的实体圆角，单击"确认并继续"或"确认"按钮⬛、⬛，即可完成实体圆角的删除（见图 2-76）。

图 2-77 所示为修改与删除实体圆角操作图解，其练习模型为图 2-76 的最后结果，其过程可简述为：①单击"修改实体圆角"功能按钮⬛；②选择外圆角；③修改半径值；④修改圆角结果；⑤单击"移除实体圆角"功能按钮⬛；⑥选择孔口圆角；⑦删除圆角结果。

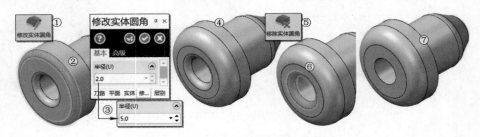

图 2-77　修改与删除实体圆角操作图解

2.5　数控车床编程模型创建实例与练习

数控车削编程模型的特点是回转体几何特征，编程时主要需要车削轮廓线（圆柱体母线），通过以上学习，读者可基本了解数控车削模型的建立过程，这里有几个实例，可供读者检验自己对所学知识的掌握程度。

2.5.1　2D 图形创建车削模型

2D 图形创建车削模型，其实质是基于"实体→创建→旋转"功能创建回转体 3D 模型，其 2D 图形可基于 Mastercam 的设计模块绘制，也可从外部导入 AutoCAD 模型。

✎ 练习 2-1　已知图 3-14 所示工程图，试用"旋转"实体创建法创建实体模型。

分析：图示零件为回转体特征，适合回转体造型，其实质是绘制 2D 的适合"旋转"建模的串连曲线。这里用 Mastercam 的设计模块和从外部导入 AutoCAD 模型两种方法建模，读者可通过练习，领悟异同点，找到适合自己的方法。

方法一：用 Mastercam 的设计模块建模。图 2-78 所示为旋转功能建模过程图解，首先，绘制一条零件中心线，然后分别从左边和右边绘制连续直线至圆弧处，由于交点位置不定，故可适当延长，然后，绘制圆弧 R20；接着，用修剪、倒角和倒圆角等方法编辑完成旋转串连曲线；最后，基于旋转功能完成实体模型的创建。

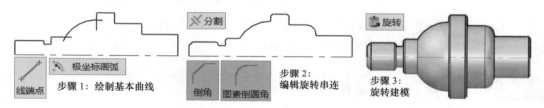

图 2-78　旋转功能建模过程图解

方法二：从外部导入 AtuoCAD 模型。随书提供了练习文件"练习 2-1.dxf"，读者可参照图 2-53 的导入过程创建实体模型，具体过程略。

> ⚠ **注意**
>
> 从 Mastercam 数控编程的角度看，具有旋转串连曲线即可算是数控车削的编程模型，这里增加旋转实体步骤，模型更为直观，且可以执行"文件→部分保存"功能，导出 STP 格式的 3D 模型。当然，有些零件特别适合旋转功能建模，如下所示。

✎ 练习 2-2　已知图 2-79 所示零件图，试在 Mastercam 中完成其 3D 模型的创建。

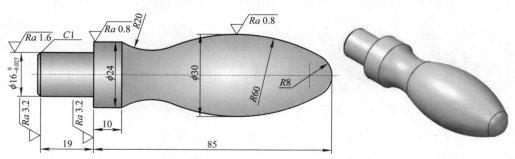

图 2-79　样例 4——手柄工程图

图 2-80 所示为手柄工程图创建过程图解。本例题关键问题是理清三个圆弧之间的相切关系，并绘制光顺过渡的圆滑曲线。首先，绘制中心线、绘制左端的直线组、绘制右侧的半

径为 $R8$ 的圆，然后，绘制辅助圆弧 $R52$，向下偏置中心线得到交点（即圆弧 $R60$ 的圆心），则可绘制 $R60$ 圆弧；再过圆弧 $R60$ 的圆心绘制 $R80$（$=60+20$）圆弧，以右上直线右端点为圆心绘制 $R20$ 圆得到 $R20$ 圆弧的圆心，过此圆心绘制 $R20$ 圆弧，完成基本曲线的绘制。接着，通过修剪和倒角等编辑获得旋转串连。最后，基于旋转功能创建实体模型。

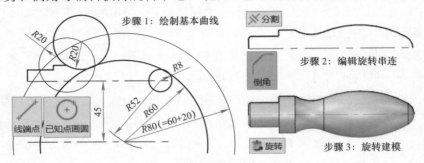

图 2-80　手柄工程图创建过程图解

　　熟悉 AutoCAD 操作的读者，可基于图 2-79 的尺寸，在 AutoCAD 环境下创建图 2-80 步骤 2 所示的旋转串连曲线，然后将其导入 Mastercam，并完成 3D 实体模型的创建。

2.5.2　3D 功能创建车削模型

　　这里的 3D 功能主要指基于 Mastercam 软件"实体"功能选项卡中的相关功能，包括"创建"功能选项区的常见实体功能，以及"基本实体"选项区的圆柱、圆锥和球体基本功能，配以倒圆角与倒角等操作即可建立 3D 实体模型，然后，基于"线框→形状→车削轮廓"功能提取车削轮廓，可完成车削模型的创建。

　　✍ 练习 2-3　试基于常见实体功能创建图 2-51 所示零件的车削模型。

　　图 2-81 所示为基于常见的实体"拉伸"功能建模过程图解，其过程简述如下：

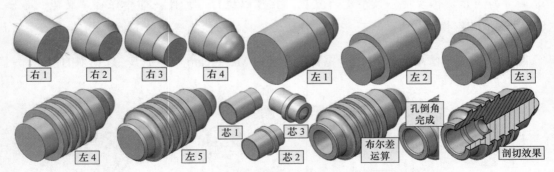

图 2-81　基于常见的实体"拉伸"功能建模过程图解

　　1）右端建模过程，如右 1～右 4 所示。首先，切换绘图至右视图视角，绘图平面亦为右视图，选择 3D 绘图模式，构图深度 Z：0。右 1，绘制 $\phi36\text{mm}$ 的圆作为拉伸串连，拉伸 26mm 创建主体；右 2，单击"实体→修剪→不同距离倒角"功能按钮，以不同距离倒角得到锥度；右 3，单击"线框→曲线→单边缘曲线"功能按钮✎，鼠标拾取圆台顶面边缘，提取边缘线（$\phi26\text{mm}$ 的圆），以该圆为串连线拉伸 13mm，添加凸台类型增加圆柱体；右 4，

倒圆角 R13mm 得到半圆球体。

2）左端继续建模。左 1，在右端底面圆心绘制 ϕ46mm 的圆作为拉伸串连，拉伸 36mm 添加凸台圆柱体；左 2，提取左 1 圆柱体边缘线，修改直径为 34mm，并将其作为拉伸串连，拉伸 15mm 添加圆柱体；左 3，将左 1 绘制的圆按长度距离 6mm 复制一个圆，再按增量 10 复制两个圆；左 4，同时选中复制出来的三个圆作为拉伸串连，拉伸距离为 5mm，壁厚为 3mm（即槽深），切割主体拉伸得到三条槽；左 5，分别倒角和倒圆角，完成左端建模。至此，获得了实心模型的创建。

3）内孔芯建模。单击视窗下部状态栏的"Z："，激活构图深度捕抓功能，捕抓左端面圆心，获得构图深度 −51mm，以左端面圆心绘制 ϕ20mm 和 ϕ22.1mm（螺纹底孔）的两个圆，以 ϕ20mm 的圆作为拉伸串连，拉伸 32mm 创建主体实体，再以 ϕ22.1mm 的圆作为拉伸串连，拉伸 22mm 添加圆柱体，提取右端 ϕ22.1mm 边缘线，修改直径为 ϕ26mm，反向拉伸 5mm 添加圆柱体，再提取 ϕ20mm 圆右端边缘线，修改直径为 ϕ12mm 左右，拉伸添加锥角为 120° 的圆锥体。至此，完成内孔芯实体模型的创建。

4）布尔差运算。将上述的实心模型与内孔芯模型进行布尔切割运算（差运算），完成实心模型上内孔部分模型的建模。

5）接着，将内孔端面面倒角，完成整个零件实体模型的创建。最后一张图是剖切 1/4 实体后的 3D 模型效果图。

6）切换至俯视图视角和构图平面，单击"线框→形状→车削轮廓"功能按钮，提取车削轮廓，具体可参阅图 2-55。

🔑 小技巧

①倒圆角半径等于圆柱体半径可以获得半球体。②圆锥体除了可用拉伸功能中的拔模角度获得，还可以用不同距离倒角或距离与角度倒角获得。

在 2.4.2 节中谈到了无参模型的概念，对应的是有参模型，又称参数化模型，在 Mastercam 中，这些参数化步骤的记录称为历史记录，详细地记录在"实体"操作管理器中，参见图 2-34，对于这类参数化模型，读者不仅可回顾自己当初的模型创建及详细的记录，还可观察他人创建的参数化模型。由于参数化模型的参数涉及商业秘密，为此，人们常将其导出为无参数的 STP 格式模型，这也是 STP 模型应用广泛的原因之一。下面通过一个实例简单介绍参数化模型的分析方法。

✍ 练习 2-4　已知图 3-14 所示工程图的 3D 参数化模型文件"练习 2-4.mcam"，试依据其历史记录分析其建模过程。

图 2-82 所示为 3D 建模过程分析图解，简述如下：

1 打开模型文件"练习 2-4.mcam"，可在视窗中看到该实体模型，如图中①所示，按键盘上的功能键 F9，可显示系统坐标轴线，可看出模型建模的坐标原点。

2 单击操作管理器下部的"层别"标签，激活"层别"操作管理器，如图中②所示，图层 1 前的"√"表示为当前层，高亮栏的"×"表示图层 1 开启，单击其可关闭图层 1，这时可见视图模型不显示，同时图素栏可见一个图素，即图示的实体模型；图层 3 的名称为曲线，其放置了拉伸串连曲线，在关闭图层 1、开启图层 3 时可见到 7 个圆。

3 单击操作管理器下部的"实体"标签，激活"实体"操作管理器，如图中③所示，从中可见到 12 个操作（注意每个操作包括图标与默认名称），最下面有一个"结束操作"图标。图中ⓐ～ⓖ对应 8 个操作，各操作对应实体模型的相应部分，其中ⓑ对应的球体包括圆柱与倒圆角两个操作。

4 鼠标右击某一操作，会弹出快捷菜单，如图中右击第 2 个操作——拉伸主体，弹出快捷菜单，单击"移动停止操作到此处"命令，"结束操作"图标定位至选择的操作之下，同时可见视窗中的模型仅有两个操作ⓐ和ⓑ；若接着操作下移至第 3 个操作之下，这时可见模型显示为图⑤，即对第 2 个操作倒圆角获得球头模型；若将"结束操作"图标定位至第 8 个操作之下，则可见图⑥所示模型，其正好是模型左端建模部分。注意，结束操作图标可以用鼠标拖放，但定位容易不准。

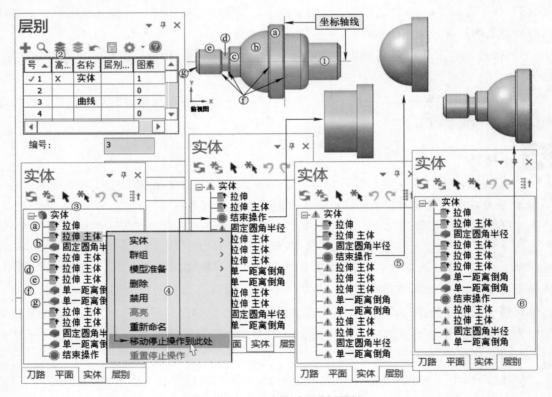

图 2-82　3D 建模过程分析图解

5 双击某一操作，可激活该操作编辑，弹出对应的操作管理器，其内容与建模时的管理器相同，其中不仅可以看到建模参数，且可以修改。限于篇幅，这里不详细讨论。

另外，在"实体"功能选项卡最左端的"基本实体"功能选项卡中，也有圆柱、圆锥和球体等回转体基本实体的功能按钮，理论上用它们是可以创建回转体车削模型的，只是这些基本实体创建的模型是独立的，无法像常见实体创建时有布尔运算选项，也就是说，基本实体建模的最后要单独用"实体→创建→布尔运算"功能实现最后的模型编辑。前述的图 2-37 所示便是这种方法建模的过程图解。下面在来做一个练习，深入体会其创建模型过程及其优缺点。

✎ **练习 2-5**　试用基本实体功能创建图 4-23 所示螺纹套件的零件模型。

图 2-83 所示为外螺纹建模图解，图中仅包含基本实体建模部分，未显示布尔结合运算。

图 2-84 所示为内螺纹建模图解，图中仅包含基本实体建模部分，未显示布尔切割运算和后期的三处倒角图解。

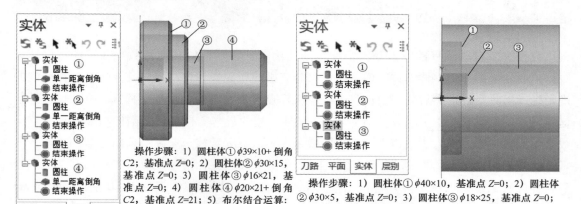

操作步骤：1）圆柱体①ϕ39×10+ 倒角 C2；基准点 Z=0；2）圆柱体②ϕ30×15，基准点 Z=0；3）圆柱体③ϕ16×21，基准点 Z=0；4）圆柱体④ϕ20×21+ 倒角 C2，基准点 Z=21；5）布尔结合运算：目标主体①，工具主体②、③和④

图 2-83　外螺纹建模图解

操作步骤：1）圆柱体①ϕ40×10，基准点 Z=0；2）圆柱体②ϕ30×5，基准点 Z=0；3）圆柱体③ϕ18×25，基准点 Z=0；4）布尔差运算：目标主体①，工具主体②和③；5）倒角

图 2-84　内螺纹建模图解

本章小结

本章主要讨论自动编程的第一步，即 CAD 模型的准备问题，包括如何在 Mastercam 软件的设计模块创建数控车削编程所需的 2D 与 3D 模型，如何导入外部 AutoCAD 软件创建的 2D 编程模型和一般三维软件均可创建的通用 3D 模型交换文件——STP 格式 3D 模型，通过这几节的学习，读者能够根据自身已具备的 2D 线图和 3D 模型专业知识，确定今后 Mastercam 编程 CAD 工作重点。关于编程模型的工艺处理问题，实际上是传统车削加工工艺中的相关问题在 Mastercam 编程中如何实现的问题，工艺基础好的读者读后会有所体会。最后，本章提供了 5 个练习，供读者检验对本章知识的掌握程度。

从第 1 章所述的 Mastercam 编程流程以及编程示例可知，在 2022 版中，数控车床编程前有部分工作是必备且共有的，如必要的编程模型、工件坐标系的设定等，本章主要围绕这些问题展开讨论。

3.1　编程模型的准备

数控加工自动编程的特点是不需要传统的手动计算零件的几何参数来获取编程坐标点数据，而是依据加工零件的数字模型，依靠计算机的相关操作自动提取几何参数并按一定的规则生成刀具轨迹，并后处理获得包含编程坐标点参数在内的数控加工程序。据此可以理解这里所说的编程模型，其实就是各种 CAD 软件创建的包含零件几何参数的数字模型，这个数字编程模型常简称为"数模"，准备数模是 Mastercam 数控车床编程前所必需的工作。

具有 CAD 功能、能够创建数字模型的软件很多，且各有特色，现实中我们常常见到很多软件标称具有 CAD/CAM 功能，这里的 CAM 功能主要指数控加工编程功能。Mastercam 软件也不例外，第 2 章的知识内容是以数控车削模型为对象，围绕 Mastercam 软件的设计模块（CAD 模块）展开讨论，一般而言，同一款软件的 CAD 模型读取进入其自身的 CAM 模块，模型数据无丢失的现象，也就是平时常说的无缝链接。

然而，CAD/CAM 软件种类繁多，不可能全部学习，更多的是根据工作需要来选择。对于初学者，可考虑直接从 Mastercam 的设计模块学习，第 2 章的内容便是为这类读者编排的，所述内容基本能够满足数控车削编程模型的创建。但实际情况千变万化，不同读者的 CAD 水平不尽相同，本书并不回避这个问题，因此同样讨论了基于其他 CAD 软件创建的模型进行数控车床编程的方法，因此，CAD 基础知识较好的读者，通过阅读第 2 章内容，并结合自身特点，可领悟出适合自身编程模型的准备方法。

3.1.1　从 Mastercam 设计模块创建编程模型

编程模型的目的是供编程软件来提取编程所需的几何数据，因此，其并不需要像常规的 2D 投影视图或 3D 几何模型那样直观、完整且复杂，作为数控车床编程模型，只要能满足数控车床加工所需的几何参数的提取即可，因此，最简洁的数控车床编程模型是涉及数控车床加工刀具运动轨迹所需的二维几何数据，以例 1-1 所示的加工工程图为例，其编程模型如图 1-10 所示，实际上，即使它不包含切断线段 bO' 亦可，因为切断加工只需要 Z 轴坐标，切削深度直接至中心，即隐含着 X 轴的终点坐标，甚至图中的中心线都可省略，只要知道 a 点在工件轴线上即可。当然，笔者认为这两根线段的存在具有更好的观察效果，且并不增加多少工作量，以后续提取 3D 回转体车削轮廓所获得的车削数控编程模型而言，其几乎不增加工作量，因此笔者认为适当保留线段是有必要的。

因此，Mastercam 设计模块创建编程模型的实质是根据待加工件工程图，按照车削加工所需轮廓形状，绘制必要的二维加工轮廓线的过程，学完第 2 章的知识，这个问题自然就迎刃而解了。

然而，实际中还常出现 3D 加工模型的问题，如第 2 章中基于常见实体功能创建的车削模型的问题，对此 Mastercam 软件也早有考虑，即基于"线框→形状→车削轮廓"功能（ 车削轮廓 按钮）快速提取得到车削模型，其操作过程如图 2-55 所示。

显然，有了第 2 章的知识，即具备基本的数控车床加工知识，基本可在 Mastercam 软件中完成数控车床编程模型的创建。

谈到编程模型，还有一个较为深层次的问题，即加工件中具有公差尺寸的数值处理问题，这个问题涉及数控车削加工尺寸精度的控制问题，要想深刻理解，必须熟悉数控车床的操作，具体来说，必须掌握数控车床加工中刀具偏置的概念与工艺应用能力，这里不深入讨论，仅介绍一种较为通用的处理方法，即所有具有公差尺寸的编程数值，均按尺寸中值处理，至于为什么，这里不展开讨论。在此声明，本书在这个问题上均忽略处理，按尺寸的公称尺寸进行编程，如果仅仅是学习编程方法，也可不考虑这个问题。

3.1.2　外部几何模块的导入

熟悉 AutoCAD 绘图并具备绘制图 1-9 所示工程图能力的读者会觉得，图 1-10 所示的编程模型若在 AutoCAD 中创建是非常简单的，例如，对于已有工程图，可以通过删除尺寸和部分线段等方法快速获得编程模型，即使是绘制编程模型，也比绘制工程图简单得多。对的，这个思路完全正确，这就是 CAD 模型数据交换的问题。几乎所有的 CAD 软件都具有多种 CAD 数模读入与导出功能，Mastercam 软件也不例外（见图 3-1），可以导入 AutoCAD 软件图形文档。关于 3D 编程模型，虽然 Mastercam 软件可导入大部分流行软件的文件格式，但笔者推荐用 3D 模型常用的通用交换文件格式——STP 格式。

外部几何模型导入的方法如下：

图 3-1　Mastercam 2022 可打开的文件类型

单击操作界面右上角快速访问工具栏上的"打开"按钮 ，弹出"打开"对话框，单击文件名右侧的文件类型下拉列表按钮 展开文件类型列表（见图 3-1），可以看到能够导入的文件类型。导入操作说明：

1）常规的导入操作方法是单击"打开"按钮 导入文件，实际上，现在的微软的软件均支持文件"拖放"功能，即以单击鼠标选中欲导入的文件，将其拖放至 Mastercam 软件操作视窗，从而快速导入外部几何模型，甚至将文件拖放至桌面上的启动图标 上都可以完成文件的导入操作。

2）在文件类型列表中，有三种模型值得一提。一种是 AutoCAD 格式，这是应用较多的 2D 数模文件，建议用 *.dxf 格式的文件，若出现打不开的提示，则可在 AutoCAD 软件中重新另存为较低版本的文件。另外两种是通用交换格式的模型文件——IGES 和 STEP 格式文件，IGES 格式是 3D 的面模型文件，早年用得多，现在依然有一定的人在用，而 STEP 格式是 3D 的实体模型文件，现行用得较多。这两种文件格式被称为通用模型文件交换格式，几乎所有的 3D 软件均支持，即可以导入或导出，不足之处是这两种格式文件均为无参模型，几何建模参数修改不便，但出于保密或知识产权保护等原因，很多客户仅提供这种无参模型。Mastercam 软件从 2017 版开始增加了非参数化模型的编辑功能［模型准备（MODEL PREP）功能］，可对导入的 3D 实体模型进行适当的修改，主要用于导入零件的工艺处理。综合考虑，3D 通用数模，推荐读者使用 STEP 格式，其作为实体模型，不仅包含的信息多，且应用广泛，以 Mastercam 为例，早年的版本，一般编程前均基于实体提取曲面（即表面）模型，这样编程时才可以选择某一局部曲面，而现行的版本，则不必提取曲面模型，可直接在实体模型上选择局部加工表面进行编程。

3）用 Mastercam 软件编程时，要求加工工件坐标系与系统坐标系重合，这项工作可以在导入前处理，如 AutoCAD 绘图时直接将工件坐标系原点绘制得与系统原点重合，当然，导入后基于"转换→位置→移动到原点"功能按钮 也可快速完成这项操作。

关于外部模型导入的操作方法练习，2.3 节有更为详细的操作图解和练习可供研习。

3.1.3 — 3D 回转体模型车削轮廓线的提取

Mastercam 软件数控车削编程模型的经典形式是图 1-10 所示的 2D 模型，虽然在基于"旋转"功能建模的模型中，其旋转串连曲线可作为车削模型使用，但车削模型的建立还有其他建模方法，以及从外部导入 STP 格式的模型，这些模型往往不具有 2D 的编程模型，为此，Mastercam 软件提供了车削轮廓提取功能（"线框→形状→车削轮廓"功能按钮 ），2.3.2 节中有其操作方法与练习。

显然，车削轮廓的提取是 3D 模型快速获取 2D 编程模型的有效方法，随着智能化技术的发展，Mastercam 软件开始具有自动提取车削轮廓的功能，这一点读者可在 Mastercam 2022 软件操作过程中有所体会，但笔者认为手动提取车削轮廓创建车削编程模型还是必须掌握的技术。

3.2 数控车削加工工件坐标系的建立

3.2.1 — 数控车床工件坐标系的概念

坐标系是数控加工编程确定刀具与工件之间相对位置的几何基准，遵循 GB/T 19660—

2005《工业自动化系统与集成机床数值控制　坐标系和运动命名》，其实质是右手直角笛卡儿坐标系。工件坐标系可细分为编程坐标系和加工坐标系，编程时的坐标系包括坐标轴方向与坐标系原点位置。

数控车床为 2D 加工，工件坐标系为 XOZ 坐标系，Z 轴与机床主轴轴线重合，正方向为指向尾架方向，X 轴为径向方向，正方向远离工件轴线且平行于刀架移动导轨，加工坐标系一般设置在工件端面圆心位置，如图 3-2a 所示，而编程坐标系一般与加工坐标系重合，因此图示工件的编程坐标系的原点一般设置在工件前端圆心处。按刀架布局结构不同，数控车床分为平床身前置刀架（简称前置刀架）和斜床身后置刀架（简称后置刀架）两类，其对应的工件坐标系为 X_qOZ 和 X_hOZ，Mastercam 编程时默认的坐标系显示为后置刀架坐标系。

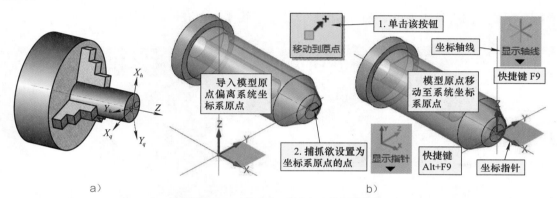

图 3-2　工件坐标系原点及设置图解

a）数控车床工件坐标系　b）工件坐标系设置图解

Mastercam 软件编程坐标系原点一般设置在系统坐标系原点位置上，因此，加工模型设计时应尽可能遵循这一原则。然而，实际中，大量存在欲设置的工件坐标系原点偏离系统原点的情形，如图 3-2b 所示，为此，Mastercam 软件专门设置了这样一个功能，可快速将模型的工件坐标系原点移动至系统坐标原点，这个功能按钮在"转换→位置"功能选项区。该按钮只须两步就可完成这个工作，图 3-2 所示为其操作图解，供参考。

⚠ **注意**

①操作移动到原点功能时，必须确保系统处于 3D 绘图模式，否则，模型只能在指定的构图深度平面中移动。具体操作为，单击视窗下部状态栏绘图平面中左边的 2D 按钮，这是一个 2D/3D 相互切换按钮，用于 2D 和 3D 之间的转换。②坐标轴线与坐标指针是否显示，不影响模型的平行移动。

3.2.2　数控车削加工编程工件坐标系的设定

Mastercam 2022 建立工件坐标系的方法有两种：一种是基于"转换→位置→移动到原

点"功能按钮 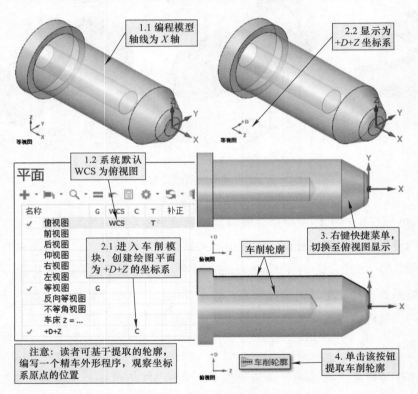，快速地将工件上指定点连同工件移动至世界坐标系原点；另一种是工件固定不动，在工件上指定点来创建一个新的工件坐标系，并将其指定为工件坐标系。用第二种方法建立工件坐标系时，空间概念的转换过于复杂，使用者不多。这里基于第一种移动工件至世界坐标系原点的方法进行讨论。

关于移动到原点操作功能，在"转换→位置→…"功能区，具体操作较简单，按提示操作即可完成。由于进入车削模块时，系统会在"平面"操作管理器中自动创建两个坐标系"+D+Z"和"车床 Z= 世界 Z"，默认激活的是"+D+Z"坐标系，这两个坐标系具体选用哪一个，其与编程模型创建时的轴线是 X 轴还是 Z 轴有关。具体讨论如下：

（1）编程模型的轴线为 X 轴 即编程模型的轴线与 X 轴平行，图 3-3 所示为创建工件坐标系图解，图中第 4 步可隐藏实体模型，仅留下线框模型进行后续编程。

图 3-3 模型轴线为 X 轴创建工件坐标系图解

> ⚠ **注意**
>
> 从编程经验来看，不进行第 2.1 步选择"+D+Z"构图平面，维持使用第 1.2 步的系统默认构图俯视图构图平面进行编程也是可以的。只是注意视窗右下角坐标指针是 XOY，且 X 轴对应车削编程的 Z 轴，Y 轴对应车削编程的 X 轴，后续参考点设置时的坐标是 X 和 Z，且 X 是用半径指定，但最终生成 NC 代码是相同的。

（2）编程模型的轴线为 Z 轴　即编程模型的轴线与 Z 轴平行，图 3-4 所示为创建工件坐标系图解，图中第 5 步可隐藏实体模型，仅留下线框模型进行后续编程。

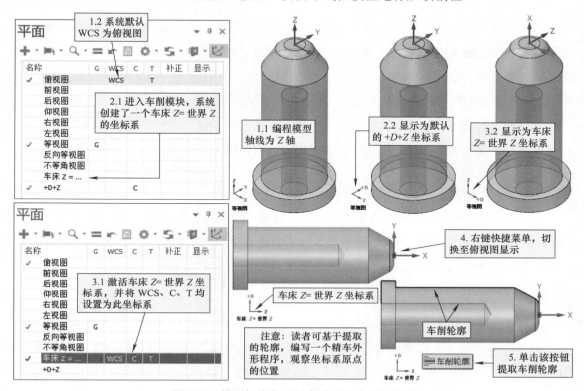

图 3-4　模型轴线为 Z 轴创建工件坐标系图解

> ⚠️ **注意**
>
> 从建立坐标系后，必须进入"刀路"管理器，单击"毛坯设置"图标，进入"机床群组属性→毛坯设置"选项卡（见图 1-11），确认毛坯平面为所设置的"车床 Z= 世界 Z"平面，否则手动设置。

3.3　车削加工的毛坯设置

3.3.1　毛坯及其设置入口

1. 毛坯的类型分析

车削加工零件主要为回转体，批量不大时多采用棒料或圆钢，对于空心件也可采用厚壁管件。对于大批量生产，采用模锻件可降低成本。另外，若粗、精加工分开在不同机床上加工，则前一道工序的零件就是下一道工序的毛坯，这类毛坯均为非圆柱体类零件毛坯。

2. 毛坯设置入口

数控车削加工编程毛坯的设置位置在进入车削模块后，"刀路"操作管理器机床群组中属性列表下的 ⬤ **毛坯设置** 标签，单击该标签，会弹出"机床群组属性"对话框，默认为"毛坯设置"选项卡，参见图 1-11。

其中，最上面的"毛坯设置"选项区用于设置毛坯平面，单击"平面选择"按钮▦，弹出"选择平面"对话框，如图 3-5 所示，表中所列平面与"平面"操作管理器中的平面对应，均可设置，选择有效的当前平面也会在视窗左下角对应显示。

> 💡 **提示**
>
> ①所谓毛坯平面，实际指的是工作平面，按照右手定则，可确定其垂直轴，从而建立起坐标系，第 2 列便是对应坐标系的原点位置。②最下面两个坐标系对应图 3-3 和图 3-4 建立的工件坐标，实际上，"+D+Z"坐标系与俯视图坐标系是一样的，只是 X 与 Z 对应，Y 与 D 对应。

单击图 1-11 中"毛坯"选项区右侧的"参数"按钮，弹出"机床群组管理：毛坯"对话框，可进行各种毛坯的设置，如图 3-6 所示。图形文本框默认为"圆柱体"毛坯选项，用于圆柱形毛坯的设置，单击右侧的下拉菜单按钮✓，弹出下拉列表框，其提供了多种非圆柱体毛坯的设置方法，本书重点讨论"实体图素"与"旋转"两个选项设置毛坯的方法。

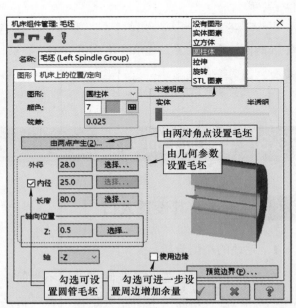

图 3-5 "选择平面"对话框　　　　　　图 3-6 毛坯形状设置

3.3.2 — 圆柱体毛坯设置

在图 3-6 中，图形文本框默认为"圆柱体"毛坯选项，默认通过外径与长度两个参数设置实心圆柱体毛坯（即棒料或圆钢材料），例 1-1 便是这个设置案例。勾选"内径"复选框，激活右侧的文本框，通过外径与内径参数设置，可设置厚壁管件毛坯。轴向位置选项区的"Z"右侧的文本框用于设置毛坯端面距坐标原点的位置，若工件坐标系设置在零件端面位置，则这个设置参数实质为端面的加工余量。

毛坯参数设置亦可用鼠标拾取，文本框右侧的"选择"按钮可激活鼠标在图形上选择的功能，可获取文本框中的参数。参数设置文本框上部的"由两点产生"按钮可通过拾取两对角点设置毛坯。注意，如果图形中绘制了毛坯线框，则通过鼠标捕抓功能可较为准确地设置毛坯参数，但若图形中没有相关几何图素，则只能大致获取毛坯的参数，还须操作者进一步在文本框中精确设置。

圆柱毛坯设置较为简单，图 3-7 所示为两个示例，可供参考，此处不作赘述，下面重点来学习非圆柱体类零件毛坯的设置。

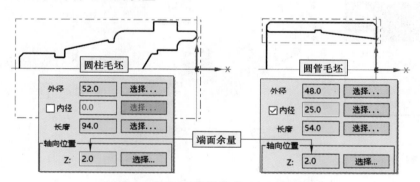

图 3-7　"圆柱、圆管"体毛坯设置示例

3.3.3 — "实体图素"设置毛坯

"实体图素"，即实体毛坯模型，通过选择实体毛坯模型设置毛坯，主要用于设置非圆柱体半成品的毛坯。这个实体毛坯模型可以单独创建，但更多是基于原 3D 零件模型编辑修改而成。

1. 实体毛坯模型的创建

以图 1-9 所示零件为例，例 1-1 完成了右端外轮廓车削加工，切断后留有 1mm 的端面余量，后续加工工艺为：调头→车端面→钻定位孔窝→钻孔。显然，加工毛坯是图示零件无 ϕ8mm 孔且底面延伸 1mm 的形态。这里拟以实体模型创建毛坯，假设已有加工零件的 3D

模型，图 3-8 显示了基于无参模型编辑功能中的"推拉"功能（■按钮）删除孔，并将端面拉伸 1mm 的操作图解。

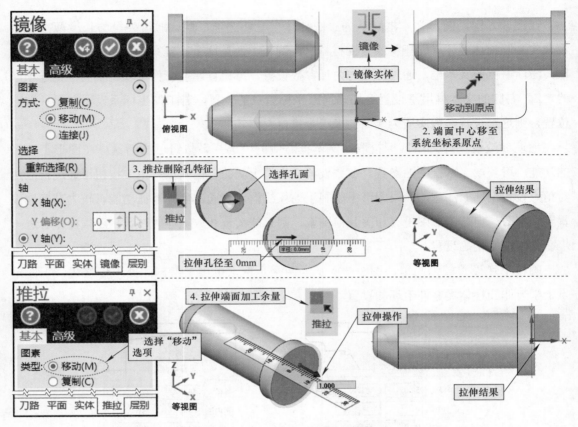

图 3-8　实体毛坯模型的创建

操作图解简述如下：

1 使用"转换→位置→镜像"功能，完成零件调头工作。

2 使用"转换→位置→移动到原点"功能，将调头后的端面中心移动至系统坐标系原点，建立坐标系。

3 使用"模型准备→建模编辑→推拉"功能，将孔径拉伸至 0mm，类似于删除孔功能。

4 使用"模型准备→建模编辑→推拉"功能，将端面拉伸 1mm，完成实体毛坯的修改。

关于模型的编辑，方法往往不止一种，图 3-9 所示为基于"模型准备→建模编辑→修改实体特征"功能删除孔特征的操作图解，供参考。

"模型准备"功能中的无参数化编辑模型的功能，在对外部导入模型的编辑上有其独到特点，读者有兴趣可多研习，本书鉴于篇幅，不详细讨论，可参考文献 [2] 和 [6] 学习。

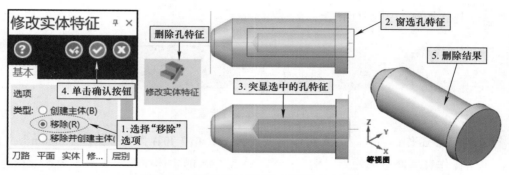

图 3-9　"修改实体特征"删除孔特征图解

2. 实体毛坯模型创建毛坯的设置

假设已创建实体毛坯模型（见图 3-8），并进行到弹出"机床群组管理：毛坯"对话框（见图 3-10），则首先选择"图形"下拉列表框中的"实体图素"选项，如图 3-10 所示，然后单击"选择图素"按钮，对话框临时隐藏，并弹出选择实体图形操作提示，鼠标拾取毛坯实体模型，则立即生成毛坯，同时对话框返回，单击两次确认按钮 ✓，完成实体毛坯的创建。

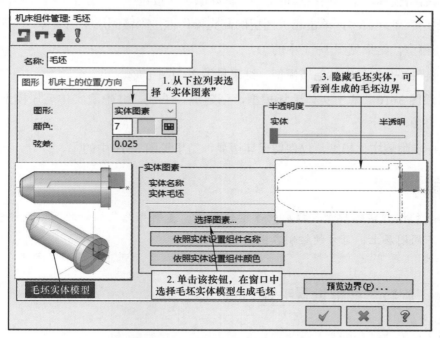

图 3-10　"实体图素"设置毛坯图解

例 3-1

以实体毛坯模型创建毛坯，已知图 1-9 所示图例的 3D 实体模型"例 3-1 .stp"，假设已完成例 1-1 所示的外轮廓加工，切断端面留有 1mm 的加工余量，现需要调头装夹，再进行后续的加工工艺：车端面→点钻孔窝→钻孔。

例 3-1 操作图解如图 3-11 所示，简述如下：

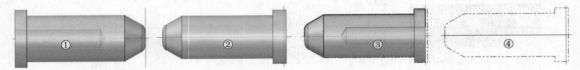

图 3-11　例 3-1 操作步骤图解

1 前期准备工作：首先，导入实体模型"例 3-1.stp"并存盘为"例 3-1.mcam"文件，同时，单击操作管理器下部的"层别"标签，注意导入的实体在图层 1 上，图素数量为 1。必要时，可提取车削轮廓至另外一个图层。其次，单击"转换→位置→平移"功能（🔧按钮），选择实体模型，原地平移一个实体模型，实际上，相当于原地复制了一个实体模型，可看到图层 1 上的图素数量变为了 2；然后，鼠标拾取实体模型，在视窗空白处右击鼠标，弹出快捷菜单，选择"设置全部"按钮▦，弹出"属性"对话框，在层别文本框中输入 6，勾选左侧的复选框，单击确认按钮☑，可看到图层 1 的图素数量变为 1，同时图层 6 的图素数量也变为 1，即将图层 1 中的一个模型移动到了图层 6 上，同时将图层 6 的名称填写为"毛坯模型"；再次右击鼠标，单击快捷菜单上的"清除颜色"按钮▦，还原至实体模型的本色。最后，在"图层"管理器中，单击相关图层的高亮操作框，隐藏图层 1 的实体，并显示图层 6 的实体毛坯模型，结果见图 3-11 中的①。

2 参照图 3-9 创建实体毛坯模型，结果见图 3-11 中的②。

3 参照图 3-10，基于实体毛坯模型，创建编程毛坯，并隐藏实体毛坯模型，结果见图 3-11 中的③。

4 进一步隐藏实体模型，仅保留毛坯边界，结果见图 3-11 中的④。

> 💡 **提示**
>
> 将导入的编程实体模型、提取的车削轮廓线、复制并无参编辑的实体毛坯模型等分别放置在不同图层上，可方便控制各图素的显示与否。

3.3.4 "旋转"线框设置毛坯

1. "旋转"线框的制备

"旋转"选项指的是类似于旋转法创建实体的串连线框。"旋转"线框可用前述介绍的二维曲线绘制方法创建，也可从实体毛坯上提取车削轮廓并修改获得，图 3-12 所示为图 1-9 所示零件在调头车端面与钻孔前，通过实体模型创建旋转串连线框示例图解。其用到的编辑功能包括：提取车削轮廓线、基于"主页→分析→图素分析"功能（🔍按钮）编辑线段终点坐标值、基于"转换→尺寸→拉伸"功能（➡按钮）（参见 2.4.1 节的介绍）拉伸出端面的加工余量等功能。

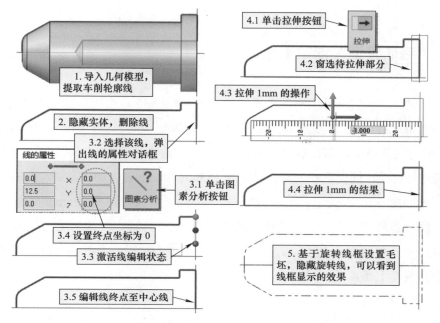

图 3-12 基于车削轮廓线创建旋转串连线框示例图解

2. "旋转"线框创建毛坯

有了旋转毛坯线框，便可基于该线框创建毛坯，图 3-13 所示为创建方法图解。以本方法设置毛坯是通过选择旋转毛坯框线由系统创建毛坯，其与"实体图形"设置毛坯相比仅少了一步旋转生成实体的步骤。使用时注意，加工 3D 模型、编程轮廓线、旋转毛坯框线等应分别放置在不同的图层上，以便于控制毛坯创建与编程时是否同时显示。

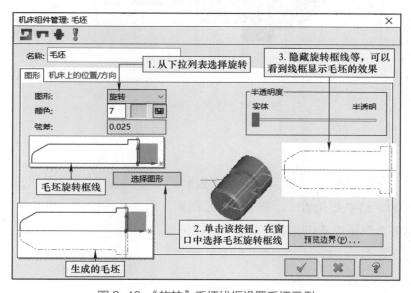

图 3-13 "旋转"毛坯线框设置毛坯示例

3.3.5 "毛坯模型"创建毛坯

图 1-7 谈到了"车削→毛坯→毛坯模型"功能（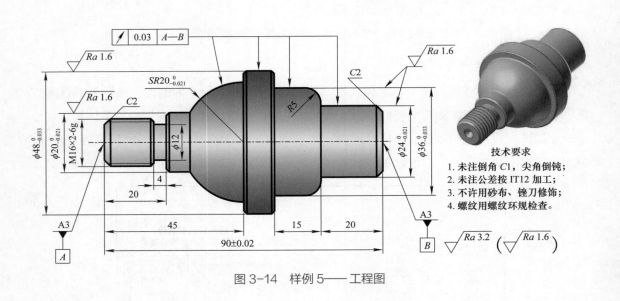按钮），可生成加工中间过程的模型，并可导出为 *.stl（STL 格式）文件，注意图形下拉列表框中的"STL 图素"选项，即 STL 格式的 3D 模型，也就是说，STL 格式的 3D 模型也能创建毛坯模型。下面以图 3-14 所示车削样例 5 为例进行讨论，假设毛坯为棒料尺寸为 $\phi55mm×94mm$，先加工右端，再加工左端，加工工艺为：车端面→钻中心孔→粗车外圆→精车外圆，调头先装夹 $\phi36mm$ 外圆，车端面→钻中心孔，然后进行"一夹一顶"装夹，装夹→$\phi24mm$ 外圆，后续加工为粗车外圆→精车外圆→切退刀槽→车螺纹。这里，在完成车端面、钻中心孔后，提取毛坯模型，导入后续加工文件，建立编程毛坯。

图 3-14　样例 5——工程图

图 3-15 所示为样例 5 右端加工，导出"毛坯模型"，左端加工，基于导出的"毛坯模型"，进行左端车端面、钻中心孔加工，基于"STL 图素"创建毛坯操作，其操作方法与图 3-10 所示的"实体图素"设置毛坯类似，读者可自行研习。

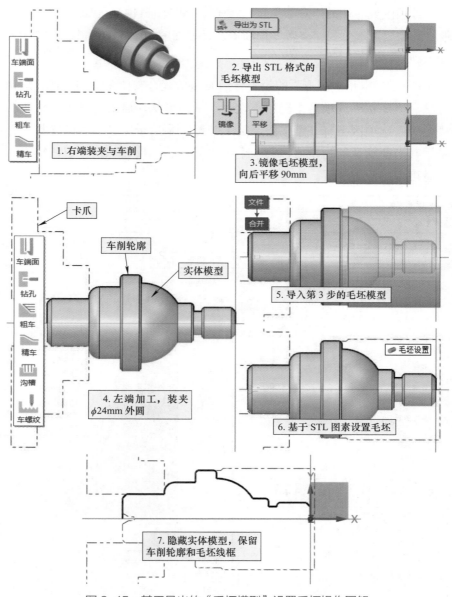

图 3-15　基于导出的"毛坯模型"设置毛坯操作图解

3.4　卡爪、尾座和中心架设置

3.4.1　卡爪设置

　　"卡爪",即车床上的卡盘,数控编程过程中设置卡爪主要是为了验证碰撞与干涉现象,因此,不设置卡爪并不影响程序的生成。单击"机床群组属性"对话框"毛坯设置"选项卡

"卡爪设置"选项区域右侧的"参数"按钮 参数... （见图1-11），弹出"机床组件管理：卡盘"对话框，其中"图形"和"参数"选项卡及设置图解如图3-16和图3-17所示。

1. "图形"选项卡

如图3-16所示，卡爪"图形"的设置方法有参数式、实体图素和串连，默认为"参数式"设置方法。"形状"选项区主要用于设置卡爪的形状，通用卡盘多为默认的"矩形"单选项。"台阶"选项区下有6个按钮，第1个按钮 用于定义卡爪的参数，无特殊要求可不选，采用其当前默认的预设值，第4个按钮 为正、反装切换按钮，默认为正装，工件直径较大时可考虑反装卡爪。

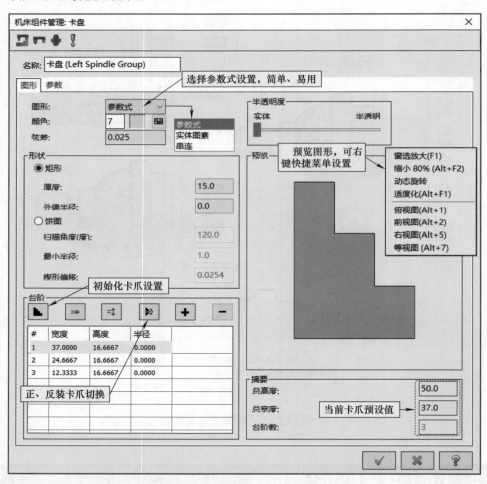

图3-16 "卡盘"设置对话框"图形"选项卡及设置图解

2. "参数"选项卡

如图3-17所示，"夹紧方式"有外径和内径两种，分别装夹棒料的外圆柱面和管件的内圆柱面。单击"参照点"按钮 ⊕ 可在窗口拾取毛坯上的点来确定参照点。"位置"选项区用于定位卡爪在毛坯上的位置，有两种方法，默认不勾选"依照毛坯"复选框，这时可通过直径和Z坐标两参数定位卡爪，若勾选"依照毛坯"复选框，则仅须设置夹持长度即可。图中右上角分别图示了在初始圆柱毛坯和半成品工件轮廓毛坯上装夹卡爪的设置示例，读者可尝试类似的练习。示例 1 可用依照毛坯 +Z 坐标设置，而示例 2 的夹紧点坐标清晰，因此用直径 +Z 坐标的方法快速、精确地确定卡爪的位置。

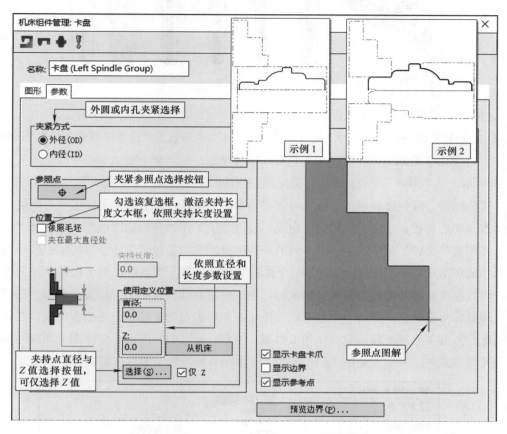

图 3-17　"卡盘"设置对话框"参数"选项卡及设置图解

3.4.2　尾座设置

尾座设置的实质是尾顶尖的设置，用于检查需要尾顶尖装夹时刀路是否出现碰撞干涉现象。

1. 顶尖结构分析

数控车削加工使用顶尖（见图 3-18）的目的是增加工艺系统的刚性，减少工件的切削变形，提高加工精度，使用的顶尖主要是回转顶尖（图 3-18 中的①～⑤），对于精度要求较高的顶尖，也可考虑使用固定顶尖（图 3-18 中的⑥和⑦），对于直径较小的工件，可采用双锥度顶尖（图 3-18 中的③）、细尖顶尖（图 3-18 中的④）或半缺顶尖（图 3-18 中的⑦），为增加寿命，还有在顶尖头镶嵌硬质合金的顶尖（图 3-18 中的⑤和⑥）。

图 3-18 数控车削常用顶尖

2. 尾座设置对话框分析与设置

单击"机床群组属性"对话框"毛坯设置"选项卡"尾座设置"设置区域的"参数"按钮（见图 1-11），弹出"机床组件管理：中心"对话框（注意：对话框中的"中心"即是顶尖），如图 3-19 所示，从"图形"下拉列表中可见尾顶尖的设置除了默认的"参数式"，还可以用"STL 图素、实体图素、圆柱体和旋转"等选项创建顶尖。若选择"参数式"图形选项，则可用中间三个参数（中心直径、中心长度和指定角度）设置顶尖工作部分的轮廓模型。若选择"STL 图素、实体图素和旋转"图形选项，则中间的参数选择区变为类似于毛坯设置的相应按钮，单击其选择相应图形选项来创建尾顶尖轮廓。下面的"轴向位置"选项区，用于设置尾顶尖的 Z 轴位置，可直接在位置文本框中输入 Z 轴坐标，用于确定参数设定的顶尖位置，单击"选择"按钮，可用鼠标点取位置，单击"依照毛坯"按钮，尾顶尖自动定位到毛坯端面位置，在此基础上，再配合左则文本框可精确定位尾顶尖位置。注意，用"STL 图素、实体图素和旋转"图形选项设置尾顶尖时，其位置是由"STL 图素、实体图素和旋转"图形位置确定的。

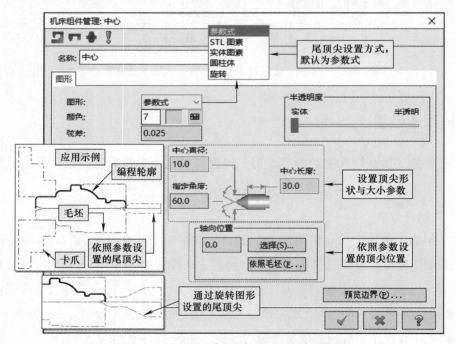

图 3-19 "尾顶尖"设置对话框及设置示例

正常的车削加工工艺在装尾顶尖之前有两个工步——车端面和钻中心孔，因此在 Mastercam 编程中，装夹工步紧接着钻中心孔工步，若按图 3-19 所示对话框直接将顶尖设置在工作位置（见图 3-20a），则在生成刀路时会弹出"刀具碰撞"提示框并暂停刀轨生成，单击确认按钮 ✓ ，跳过报警继续计算刀轨，直至不产生干涉，然后继续计算并生成刀轨，直至全部计算完成。注意，这个报警并不影响刀轨的生成，对后续的"刀路模拟"与"实体仿真"也无影响。图 3-20b 所示为先做一个车端面、钻中心孔的预加工，然后导出 STL 格式"毛坯模型"，并依据此毛坯模型创建加工毛坯，设置顶尖，这样后续的粗车、精车等工步就不会出现计算刀轨的干涉现象。图 3-20c 与图 3-20b 相比，仅仅是顶尖的形状设置不同，这里采用旋转框线创建顶尖。

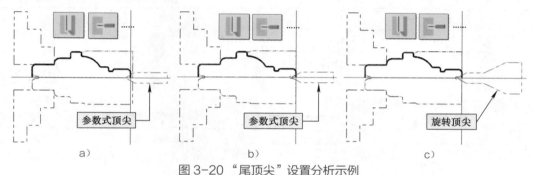

图 3-20　"尾顶尖"设置分析示例

a）车端面钻中心孔前设置顶尖　b）车端面钻中心孔后设置顶尖　c）旋转框线设置顶尖

为完整表达加工工艺，并不出现干涉报警，必须用到"车削→零件处理→尾座"功能（ 🔲 按钮），这种操作略显复杂，详见 7.3 节相关内容。

3.4.3　中心架设置

中心架是数控车床的附件之一，主要用于长径比较大工件，防止工件的加工变形，该项设置较为麻烦，且实际生产中应用不多，故这里不详细讨论，第 7 章提供了一个示例，可供参考。

3.5　Mastercam 数控车削刀具选择基础

数控车削刀具是数控车削加工编程必备的选项，其选择与应用涉及较深的车床加工基础与金属切削加工原理知识，限于篇幅，这里不展开讲解，仅就 Mastercam 编程中涉及的操作知识进行介绍，有兴趣深入了解刀具知识的读者可查阅参考文献 [3] 和 [4]。

3.5.1　数控车刀结构分析

使用数控车刀时，必须了解车刀的类型与用途，包括刀片的形状、型号与参数，刀具

（刀杆）的结构、型号与参数，以及刀具的切削用量，数控刀具指令的刀具号、刀补号及其应用等，这些参数可来源于刀具手册和刀具商的刀具样本等。

图 3-21 所示为常见车刀的结构类型，按加工表面特征不同，一般分为外圆与端面车刀、内孔车刀（又称镗刀）、切槽与切断刀（切槽刀也可车外圆）、螺纹车刀（含内、外螺纹车刀）孔加工刀具（钻头、点钻和中心钻等）等类型。各种刀具的刀片形状不尽相同，不同类型刀具的结构相差较大，刀头结构特征明显。特别是螺纹刀具，读者还需要掌握一定的螺纹结构知识和螺纹加工知识。

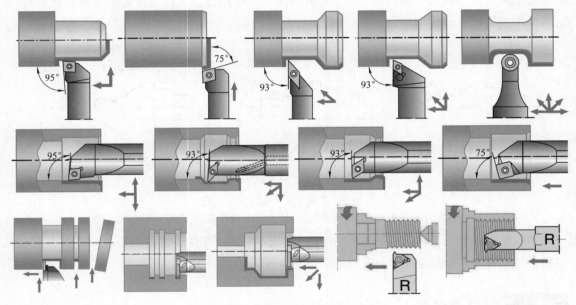

图 3-21　常见车刀的结构类型

3.5.2　Mastercam 数控车刀选用知识

Mastercam 自动编程时，每进入一个加工策略，均会弹出"刀具参数"选项卡，如图 3-22 所示，用于选择加工刀具及其参数，图 1-15 也有类似的对话框应用图解。

选项卡左边的刀具列表框默认会弹出与所选加工刀路（如图 3-22 左上的"粗车"刀路）相适应的典型刀具，用户也可重新选择，或创建新刀具，或对选中的刀具进行重新编辑。单击刀具列表框左下部的"选择刀库刀具"按钮 选择刀库刀具... ，会弹出"选择刀具"对话框，可从默认刀库的刀具列表中选择。为快速选择，可利用其提供的刀具"过滤"功能（列表框右侧）选择。鼠标在刀具列表区右击鼠标，可弹出快捷菜单，单击"创建新刀具"命令，会弹出"定义刀具"对话框，其中包括 4 个选项卡，按照要求进行相应设置，可创建新刀具，创建新刀具需要一定的专业知识，限于篇幅，这里不详细讨论。快捷菜单中还有"编辑刀具、视图"等命令，读者可自行尝试其作用。

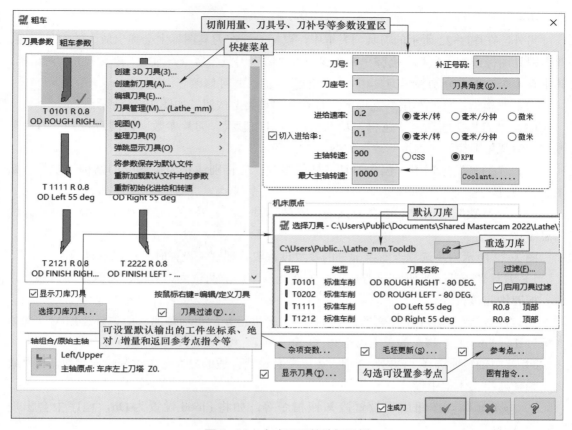

图 3-22   车床刀具的选择示例

阅读车刀刀库中刀具名称时，应注意其规律。

刀具名称栏中常见英语单词及其缩写的含义有：OD 为外圆，ID 为内孔，FACE 为端面；GROOVE 为车槽刀，THREAD 为螺纹刀，ROUGH 为粗车刀，FINISH 为精车刀，CUTOFF 为切断刀，SPOT TOOL 为点钻钻头，CENTER DRILL 为中心钻；RIGHT 和 LEFT 分别表示右手刀和左手刀，DEG. 为角度单位 "°" 的英文缩写，其前面的数值表示刀尖角，如 35 DEG. 表示刀尖角 35°，MIN. 32. DIA. 表示最小镗杆直径 32mm，螺纹刀具有 LARGE、MEDIUM、SMALL（即大、中、小），用于区分刀片牙型高度，切槽 / 切断刀具有 NARROW、MEDIUM、WIDE（即窄、中、宽），表示切削刀具（实质是刀片）的刃宽。

在刀片信息栏中："R0.8"表示刀尖圆弧半径为 0.8mm（常用的有 0.4、0.8 和 1.2），"R0.3W4."表示切断刀片的刃宽为 4mm、刀尖圆弧半径为 0.3mm。

阅读刀库中的刀具名称，必须要有英语与刀具专业基础知识，读者应逐步积累，例如：

OD ROUGH RIGHT - 80 DEG. 表示外圆粗车刀、右手型、刀尖角 80°；

ROUGH FACE RIGHT - 80 DEG. 表示端面粗车刀、右手型、刀尖角 80°；

ID FINISH MIN. 20. DIA. - 55 DEG. 表示内孔精镗刀、镗杆直径 20mm、刀尖角 55°；

FACE GROOVE RIGHT - MEDIUM 表示端面切槽车刀、右手型、中等牙型高度；

OD THREAD RIGHT - MEDIUM 表示外螺纹车刀、右手型、中等牙型高度；

······

另外，在图 3-22 所示的刀具列表框中，鼠标悬浮在刀具图标上会弹出放大的刀具简图。双击刀具图标或右击鼠标，会弹出快捷菜单的"编辑刀具"命令，弹出"定义刀具"对话框，其中有 4 个选项卡分别显示刀具相关参数的默认值，并可修改。

（1）"类型：标准车削"选项卡 有 6 个刀具类型按钮，如图 3-23 所示。

（2）"刀片"选项卡 包含刀片的信息，刀片形状、刀片参数（内圆直径）、刀片厚度与刀尖圆角半径值等均可修改，如图 3-24 所示。

（3）"刀杆"选项卡 包含刀具刀杆的参数，应特别注意刀头部分的结构与参数，如图 3-25 所示。

（4）"参数"选项卡 包含刀具编程时的刀具号和刀补号、切削用量参数、刀尖方位信息等。

图 3-22 所示刀具选项卡右半部分的参数设置较好理解，设置时注意以下事项：

1）刀具号与补正号码对应刀具指令 T △△□□，前两位为刀具号，后两位为刀补号，每一把刀均应该设置。

2）进给速率一般选择"毫米 / 转"选项（转进给），主轴转速一般选择"RPM"选项（恒转速，r/min），精车等可考虑选择"CSS"选项（恒线速度，m/min）。

3）若主轴转速选择"CSS"选项，还要配套设置合适的最大主轴钳制转速参数，在"最大主轴转速"文本框中设置。

4）Coolant······按钮用于设置冷却液指令等，如将 Flood 设置为 On，程序中会出现M08 和 M09 代码。

5）杂项变数···按钮可设置后置处理 NC 代码中的工件坐标系、绝对 / 增量坐标和返回坐标参考点指令，默认为 G54、G90 和 G28，这些参数满足大部分要求。

6）勾选"参考点"复选框可设置参考点参数，参考点一般应设置在足够远的安全距离处。注意，本书的示例因为输出刀轨的插图布局需要而设置得比较小。

3.5.3 — Mastercam 数控车刀编辑与创建基础

Mastercam 数控车刀的编辑与创建操作命令主要在快捷菜单中，参见图 3-22，所涉及的知识基本相同，均在"定义刀具"对话框中完成，其包含 4 个选项卡，有类型：类型名称、刀片（或刀具等）、刀杆（或镗杆等）和参数，各选项卡的名称随刀具类型略有变化。车刀编辑默认进入"刀片（或刀具等）"选项卡，而创建刀具默认进入的是"类型"选项卡，这符合刀具编辑与创建的思维方式。

1. 刀具类型选项卡

如图 3-23 所示，刀具类型选项卡的名称是"类型：类型名称"，其中，类型名称与当前选中的刀具类型名称对应，图示的标准车刀类型主要包括外圆与内孔车刀。系统提供了 5 种典型车刀类型选项和一个自定义方式。单击选择相应刀具类型的按钮，会自动切换至对应的"刀片"选项卡。

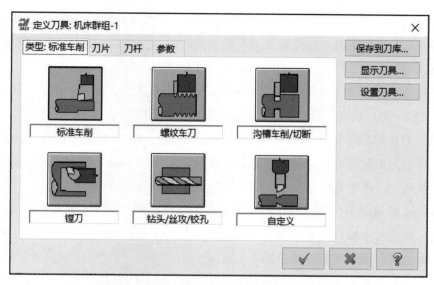

图 3-23　"刀具定义"对话框"类型"选项卡

2. 刀片选项卡

在刀具类型选项卡中，单击前 4 种类型刀具——外圆与内孔、螺纹、切削与切断和镗刀，其对应的选项卡名称是"刀片"，显然，系统提供的主要是机夹可转位不重磨刀具类型。而"钻头 / 丝攻 / 铰孔"刀具类型对应的是孔加工刀具，其与镗铣类机床用孔加工刀具基本通用，这类刀具主要为整体式结构，故其对应的选项卡的名称是"刀具"。下面以典型的标准刀片为主展开讨论，如图 3-24 所示。

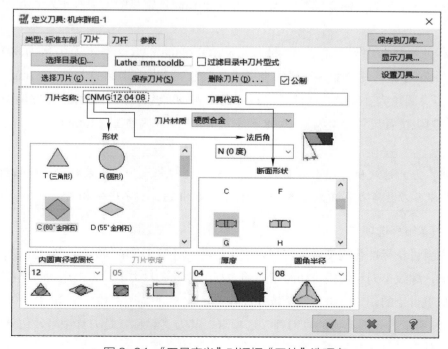

图 3-24　"刀具定义"对话框"刀片"选项卡

所谓标准刀片，指以现行标准规定的几何形状与参数专业化组织生产的商品化刀片，这是机夹式刀具的典型特点，也是数控刀具的主流产品。目前，外圆与内孔刀片的国家标准等同采用 ISO 对应标准，因此，"刀片"选项卡中的选择与设置均是通用的。

刀片名称由 4 位字母与 3 组 2 位的数字组成，分别代表的含义是：形状 - 法后角 - 偏差等级 - 夹固形式 - 刀片长度 - 刀片厚度 - 刀尖圆角半径，各代号含义 [4, 5] 与设置如下：

第 1 位：刀片形状字母代号，对应图中的形状列表，每种形状都有相应的字母表示，字母后的括号中为形状简介，只是其中的翻译不规范，如 C（80°金刚石）的规范名称应该是 C（80°菱形），意思是代号 C 的刀片形状是刀尖角为 80°的菱形。

第 2 位：法后角字母代号，下拉列表显示，字母后括号中的数值为其后角值。

第 3 位：是刀片主要尺寸允许偏差等级的字母代号，不影响数控编程，对话框中没有考虑，但在具体加工时必须理解并会选用。

第 4 位：刀片断屑槽与夹固型式字母代号，对应图中断面形状列表，用字母代号与简图表示，如图中的代号 C 的简图表示双面有倒角 70°～90°固定沉孔和双面断屑槽。

第 5 位：刀片长度数字代号，2 位数字，一般用刀片内切圆直径表示，数字代号对应刀刃有效长度随刀片形状而有所不同，以标准规定为准；长方形刀片用长边长度表示。例如，图 3-24 中的 C 形刀片，代号 12 对应的内切圆直径为 12.7mm。

第 6 位：刀片厚度数字代号，参见厚度下拉列表，代号对应的具体厚度值按标准规定，如图中的厚度 04 的实际厚度值为 4.76mm，代号 03 表示 3.18mm，代号 T3 表示 3.97mm。

第 7 位：对于车刀，用 2 位数字表示，单位 0.1mm，常见的刀尖圆角为 0.8mm、0.4mm 和 1.2mm。

至此，可解释图中刀片名称（型号）CNMG120408 的含义是：刀尖角为 80°的菱形刀片，法后角为 0°，刀片主要尺寸允差为 M 级，刀片内切圆直径为 12.7mm，厚度为 4.76mm，刀尖圆角为 0.8mm。（注意：刀片允差为 M 级包括内切圆直径允差偏差 ±0.05～±0.15mm，刀尖位置尺寸允差偏差 ±0.08～±0.2mm，厚度偏差 ±0.13mm）

💬 说明
> 说明：刀片形状仅外圆车刀与内孔镗刀的刀片有标准，且基本相同，切槽与切断和螺纹刀片以各刀具商刀具样本为准，部分结构形状相通，但不一定相同。

3. 刀杆 / 镗杆选项卡

这里主要讨论标准化程度做得较好且应用广泛的外圆（含端面）车刀 / 内孔镗刀的刀杆 / 镗刀选项卡，螺纹车刀和切槽与切断车刀的刀杆，读者在熟悉了其刀具用途、结构与刀片之后，结合这里讨论的知识点自然就会选择和设置了。

图 3-25 所示为外圆车刀的"刀杆"选项卡，其刀具名称就是刀具型号，依然是字母与数字组成，从左至右各代号的含义 [4, 5] 如下：

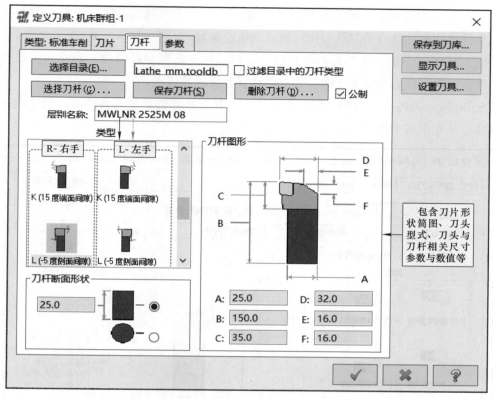

图 3-25　"刀具定义"对话框外圆车刀"刀杆"选项卡

第 1 位：刀片夹紧方式代号，有 C、M、P 和 S 等，近年来多了一个字母 D 代号，图示代号 M 表示顶面和孔夹紧。这个代号不影响程序的生成，可不考虑。

第 2 位：刀片形状字母代号，与刀片选项卡中的形状对应。图示 W 为 80°刀尖角的凸三角形。注意，右侧刀杆区的简图的刀片与这个代号不符，但刀具切削角度不变，应该是软件的问题。

第 3 位：刀头型式字母代号，这是车削刀具较为活跃的选项之一，图示的代号 L 为主偏角为 95°的片头侧切和端切型式。这种刀头轴向和径向切削的性能基本相同，适合外圆和端面切削，应用广泛。类型列表中提供了 5 种刀头形式供选择。这里注意，图示刀杆类型列表中的刀具角度标注表示的是余偏角，与标准不同。

第 4 位：刀片法后角字母代号，与刀片选项卡中的后角代号对应，图示 N 为 0°法后角。

第 5 位：切削方向字母代号，R 为右，L 为左，又称右手刀和左手刀。图示类型列表左列为右手刀，右列为左手刀。

第 6 位：刀具高度数字代号（2 位数字），一般指刀尖高度，多数情况与刀杆截面界面高度相等。在刀杆断面形状矩形选项下有效。

第 7 位：刀具宽度数字代号（2 位数字），用刀杆宽度表示。在刀杆图形区可见。

第 8 位：刀具长度字母代号，由标准规定，图示 M 为 150mm。在刀杆图形区可见。

第 9 位：刀片尺寸符号，具体为刀片切削刃长度代号，这里的 08 对应 W 型刀片。

注意，图示型号与右侧的刀杆图例略有差异，不过这些差异不影响最后程序的生成，因为刀具程序的坐标参数是刀具刀位点的运动轨迹参数。

右侧刀杆图例中的刀头结构与几何参数要多关注，甚至可以修改，确保加工过程中不产生干涉，一般可以刀具样本上的参数作为设置与修改的依据。

图 3-26 所示为内孔镗刀的"镗杆"选项卡，其刀具名称就是刀具型号，依然由字母和数字组成，从左至右个代号的含义[4, 5]如下：

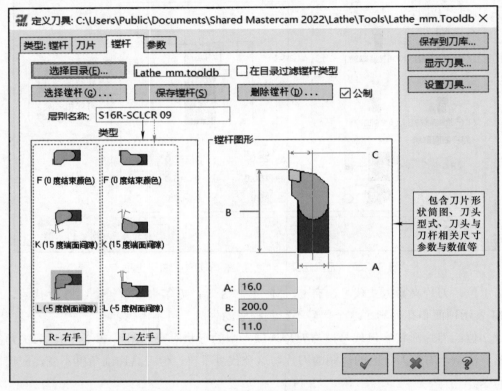

图 3-26 "刀具定义"对话框内孔镗刀"镗杆"选项卡

第 1 位：刀具结构字母代号，S 表示整体钢制刀具。这个代号与编程基本无关。

第 2 位：刀杆直径数字代号（2 位数字），单位为 mm。在镗杆图形区可见。

第 3 位：刀具长度字母代号，R 表示长度为 200mm。在镗杆图形区可见。

第 4 位：刀片夹紧方式字母代号，与外圆车刀代号相同，内孔镗刀常用 S 和 P 型夹紧方式，这个代号与编程基本无关。

第 5 位：刀片形状字母代号，与外圆车刀相同。图示 C 型便是常见的 80° 刀尖角的菱形刀片。

第 6 位：刀具形式字母代号，类似于外圆车刀刀头型式的概念。

第 7 位：刀片法后角字母代号，意义同前。

第 8 位：刀具切削方向代号，意义同前。

第 9 位：刀片切削刃长度代号，意义同前。

　　右侧镗杆图例中的刀具结构与几何参数要多关注，甚至可以修改，确保加工过程中不产生干涉，一般可以刀具样本上的参数作为设置与修改的依据。

本章小结

　　本章所述知识，是每一次数控编程均必须准备的工作，也可以理解为 Mastercam 软件编程初期的准备工作，内容涉及数控编程必备的工件坐标系的建立问题，介绍了两种 Mastercam 数控车床编程工件坐标系的方法。接着讨论了车削毛坯的设置问题，包括常见的圆柱体毛坯和实际中绕不开的铸、锻件类零件毛坯和加工中间过程的半成品毛坯的设置方法，初识了卡爪、尾座、中心架设置的方法。

　　关于数控车刀的问题，由于专业性较强，较多 Mastercam 编程类书籍忽略介绍，本书介绍了数控车刀的类型，及其在软件中是如何选用的，并从车刀结构的角度介绍了在 Mastercam 软件中如何修改和创建自己需要的刀具，并推荐读者深入学习和阅读相关专业刀具书籍。

4.1 概述

数控加工基本编程指令是基于数控系统插补原理控制机床运动的指令，主要包括 G00/G01/G02/G03 等，这些指令是数控系统的基本指令，各品牌的数控系统基本具有这些指令，且指令格式基本相同，特别是圆心坐标格式指令，这些指令编程也是数控车床编程的基础。

从数控车削工艺来看，常见的数控加工工艺为粗、精车外圆与内孔、车端面、沟槽车削与切断、螺纹车削等。本章主要讨论基本编程指令，常规外圆、内孔、端面、沟槽与切断和螺纹车削工艺的数控车床编程。

4.2 车端面加工

"车端面"（按钮）是车削加工常见的加工工步，根据余量的多少，可一刀或多刀完成，车端面多用于粗加工前毛坯的光端面，如图 4-1 所示，但也可用于加工外圆后车端面。下面基于例 1-1 的切断结果，以调头车端面为例讨论车端面加工。

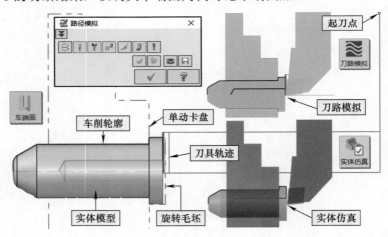

图 4-1 "车端面"加工示例

1. 加工前准备

加工模型，这里以例 1-1 的工程图建模的 STP 模型为例，其加工前准备图解如图 4-2 所示。

首先，导入"例 1-1.stp"3D 模型，并将模型旋转，将加工端面圆心点移动至系统坐标系原点；然后，换一个图层，应用"线框→形状→车削轮廓"功能按钮，提取车削轮廓线；再换一个图层，提取轮廓并将其编辑为旋转线框，用于创建毛坯，注意端面向右拉伸 1mm，获得端面加工余量。

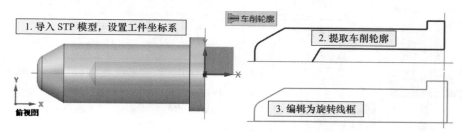

图 4-2 加工前准备图解

2. 车端面加工操作的创建与参数设置

以图 4-1 所示的车端面加工为例介绍创建过程和参数设置（前言二维码中有相应文档可供学习参考）。

（1）车端面加工操作的创建 单击"车削→标准→车端面"功能按钮，弹出"车端面"对话框，默认显示"刀具参数"选项卡，同时，在刀路管理器中创建一个车端面加工操作。注意，车端面不需要选择加工串连曲线，不像其他加工创建时会弹出选择加工串连的操作提示。

（2）车端面加工参数设置 这些参数设置主要集中在"车端面"对话框中，该对话框还可通过单击已创建的"车端面"操作下的"参数"标签" 参数"激活并修改。下面未谈及的参数读者可自行理解，通过设置并观察刀轨的变化逐步理解学习。

1）"刀具参数"选项卡及参数设置（见图 4-3），默认的刀具列表中的 T0101 是一把外圆与端面通用型车刀，单件小批量加工时可以直接选用图中 T0101 所示的外圆粗车车刀，并将其用于外圆粗车加工，该刀具默认的刀尖圆角半径为 $R0.8$mm，对于较小零件或某些外圆精车等需求，还可考虑修改刀尖圆弧半径，如图中所示的 $R0.4$mm 的刀尖圆角。批量加工时可选用专用的端面车刀（图中的 T3131 车刀），双击激活后可看到其车端面时主偏角为 75°，不可以车外圆，注意这两款车刀的刀片形状是相同的。其余参数设置按图解说明设定，参考点即程序的起始点和结束点，一般选择在不影响工件装卸的安全且稍远的位置，本书练习题一般选得较小，主要考虑刀轨插图的比例问题。

📖 **说明**

图 4-3 中的外圆车刀是由刀尖角为 80° 的 C 形刀片构成的车外圆与车端面时（主偏角均为 95°、副偏角均为 5°）通用性较好的外圆车刀，如 PCLNR □□□□型外圆车刀，适合车外圆与车端面。图 4-3 所示端面车刀的常用型号有 PSKNR □□□□型等。若零件较小，可考虑将其刀尖圆角半径修改为 0.4mm，相当于选用了刀尖圆角为 $R0.4$mm 的刀片。

2）"车端面参数"选项卡（见图 4-4），默认设置时粗车步进量不勾选，其是一刀完成端面加工。若勾选且设置粗车步进量，则可实现多刀车端面，如图中粗车步进量设置为默认的 1mm，精车步进量设置为 0.35mm，因为毛坯余量为 1mm，因此可知共车削 2 刀，第 1 刀 0.65mm、第 2 刀 0.35mm。另外，默认不勾选"圆角"按钮，若勾选并设置，可在车端面的同时倒圆角或倒角，因此其适合于已加工外圆后的车端面加工，勾选了"圆角"按钮，则需要按要求设置"切入/切出"参数，车端面加工一般不需要设置"切入/切出"参数。

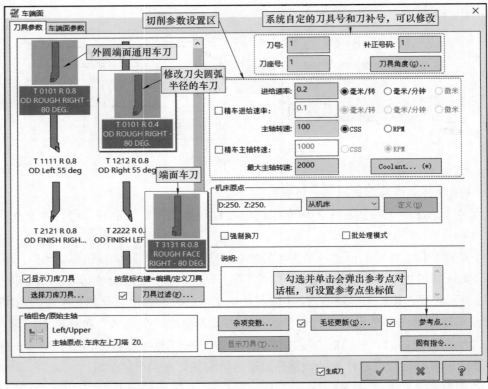

图 4-3 "车端面"对话框→"刀具参数"选项卡

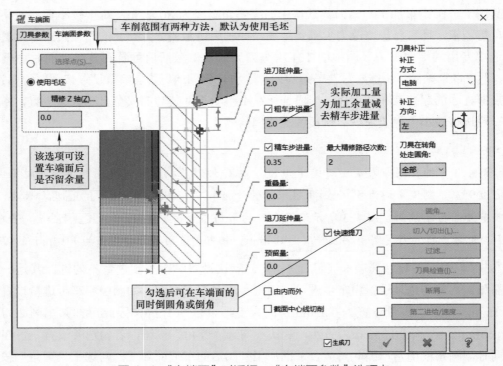

图 4-4 "车端面"对话框→"车端面参数"选项卡

车端面切削范围的确定默认为"使用毛坯"，其由端面加工余量与对应参数确定，也可激活左上角的"选择点"按钮，通过鼠标拾取来获得加工范围，刀具轨迹基于车削范围自动生成。

3．生成刀具路径及其路径模拟与实体仿真

第 1 次设置完成"车端面"对话框中的参数并单击确认按钮，系统会自动进行刀路计算并显示刀路。若后续激活"车端面"对话框并修改参数，则需要单击"刀路"操作管理器上方的"重建全部已选择（或无效）的操作"（ ▶ 或 ✗ 按钮）等重新计算刀具轨迹。

"刀路"操作管理器和"机床"功能选项卡"模拟"选项区均含有"刀路模拟"按钮 ≋ 和"实体仿真"按钮 ，可对已选择并生成的刀路（也称刀轨）的操作进行路径模拟与实体仿真，模拟与仿真结果如图 4-1 所示。

4.3　粗车加工

"粗车"（ ≋ 按钮）加工主要用于快速去除材料，为精加工留下余量较小且较为均匀的加工余量，其应用广泛。切削用量的选择原则以低转速、大切深、大走刀为主，与精车相比，一般是转速低于精车，切深和进给量大于精车，以恒转速切削为主。图 4-5 所示为粗车加工示例，其零件图参见图 2-51，假设零件已完成钻孔、车端面加工，自定心卡盘装夹，装夹点 j 的坐标为（D50，Z-60）。

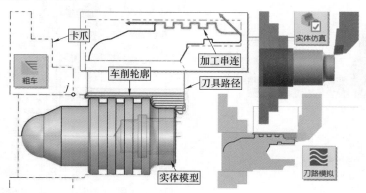

图 4-5　粗车加工示例

1．加工前准备

加工模型在这里假设为圆柱毛坯，已完成零件的钻预孔（ϕ18mm）与车端面加工，这里将进行外圆粗车加工。

2．粗车加工操作的创建与参数设置

以图 4-5 所示的粗车加工为例介绍创建过程和参数设置（前言二维码中有相应文档可供学习参考）。

（1）粗车加工操作的创建　单击"车削→标准→粗车"功能按钮 ≋ ，弹出"串连选项"对话框（默认"部分串连"按钮 有效）和选择部分串连操作提示，鼠标拾取加工轮廓的起始段和结束段，必须确保串连加工起点和方向与预走刀路径方向一致（见图 4-5），单击确认按钮，弹出"粗车"对话框，默认为"刀具参数"选项卡。

（2）粗车加工参数设置　这些参数设置主要集中在"粗车"对话框中，该对话框同样可通过单击相应的"参数"标签" ≫ 参数 "激活并修改。

1）"刀具参数"选项卡及参数设置，其与端面车削共用一把刀具，切削用量可以不同。另外，参考点参数设置相同，设置情况可参考图 4-3。

2）"粗车参数"选项卡（见图 4-6），是粗车加工参数设置的主要区域。各文本框参数按名称要求填写即可，补正方式选项指刀尖圆弧半径补偿，默认为"电脑"，车削轮廓有圆弧、圆锥等，有精度加工要求时建议选用"控制器"补正。补正方向的规律是车外圆为"右"补偿，车内孔为"左"补偿，刀具设定后，系统会自动设定。切削方式、粗车方向 / 角度等看图即可理解，如切削方向实际上是控制刀具的切削加工面（外圆面、内孔面和端面等）。单击"切入 / 切出"按钮弹出的对话框如图 4-7 所示。单击"切入参数"按钮弹出的对话框如图 4-8 所示。勾选并单击"断屑"按钮弹出的对话框如图 4-9 所示。注意，"毛坯识别"的默认选项是"禁用识别毛坯"，但当余量较大时，建议选择"使用毛坯外边界"等选项，其对刀路的生成是有影响的。

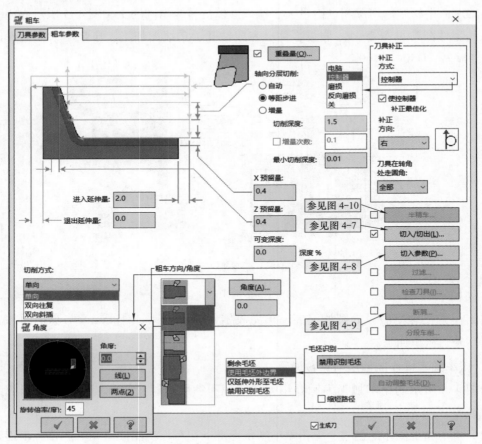

图 4-6　"粗车"对话框→"粗车参数"选项卡

图 4-7 所示为"切入 / 切出设置"对话框，两个对话框的设置参数基本相同，仅仅是控制的线段不同，分别对应"切入"和"切出"线段。学习时可按图设置，然后观察刀轨变化，联系实际生产加以理解。注意精车刀路常常会用到"切入圆弧"选项，如图 4-13 所示。

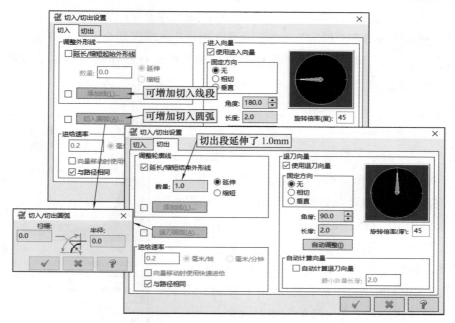

图 4-7　"切入 / 切出设置"对话框

图 4-8 和图 4-9 所示分别为"车削切入参数"和"断屑"对话框。"车削切入参数"对话框主要用于外圆或端面有凹陷轮廓车削加工时的设置，这时不仅要考虑图示切入参数的设置，还要考虑刀具的主偏角和负偏角等刀具参数。"断屑"对话框主要用于控制切屑断屑的设置，对于塑性和韧性大的金属材料以及小切深、高速度切削以带状切屑为主的加工，可考虑这些参数的设置。

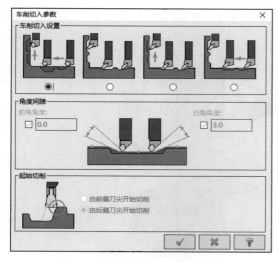

图 4-8　"车削切入参数"对话框

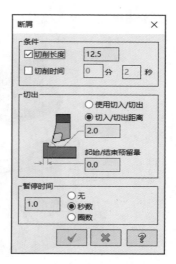

图 4-9　"断屑"对话框

3．生成刀具路径及其路径模拟与实体仿真

第 1 次设置完成"粗车"对话框中的参数设置并单击确认按钮，系统会自动进行刀路计算并显示刀路。若后续激活所设置的参数并修改，则需要单击"刀路"操作管理器上方的"重建全部已选择（或无效）的操作"（ 或 按钮）等重新计算刀具轨迹。

"刀路"操作管理器和"机床"功能选项卡"模拟"选项区均含有"刀路模拟"按钮 和"实体仿真"按钮 ，可对已选择并生成的刀路的操作进行路径模拟与实体仿真，模拟与仿真结果如图 4-5 所示。

4．粗车加工拓展

（1）半精车选项的讨论　半精车原为粗、精车之间的过渡工序，它在粗车之后加工，参数选择合适且加工精度要求不高时可替代精车加工。勾选并单击"粗车参数"选项卡右侧的"半精车"按钮，可激活"半精车参数"对话框，如图 4-10 所示。若按图示设置，则在图 4-6 设置的粗车刀路之后会接着进行一道半精车加工，其切削参数如下：背吃刀量为 0.2mm、进给率为 0.1mm/r、主轴转速为 1500r/mm、切削余量为 0。如此设置，这个粗车加工策略可认为是"粗 - 精车"加工策略。该加工策略的不足之处是只能用粗车的刀具，且精车刀轨的切入、切出参数不能另外设置。

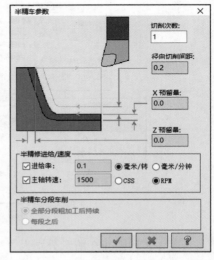

图 4-10　"半精车参数"对话框

（2）内孔粗车加工示例　粗车刀路同样适用于内孔等的粗加工，参见图 4-6 所示对话框切削方向下拉列表的选项。

图 4-11 所示为内孔车削示例，右上角的工程图可供参考。该零件的加工工艺为：车外圆（留磨削余量）→车右端面→车内孔→调头车端面和倒角→车螺纹。在图 4-11 中，假设已知该零件的实体模型，导入模型后，提取车削轮廓线，设置圆管毛坯，设置卡爪装夹。

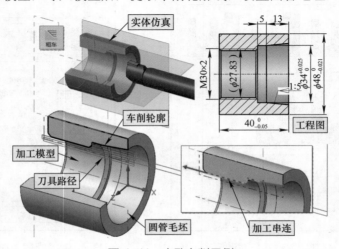

图 4-11　内孔车削示例

（3）非单调变化外轮廓车削　粗车加工"车削切入设置"默认选项（见图 4-8）不允许切入凹陷轮廓，对于非单调变化的外轮廓车削，必须将其设置为允许凹陷切入（"车削切入设置"选项第 2 项），当然，这种选项必须注意刀具的副偏角足够大，切入轨迹必须适当。图 4-12 所示的外轮廓车削便是这种加工的应用示例。

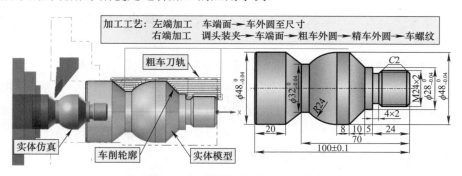

图 4-12　非单调轮廓加工示例

4.4　精车加工

"精车"（ 按钮）加工是粗车之后的进一步加工，是用于达到所需加工精度和表面粗糙度等的加工。精车加工一般仅车削一刀。切削用量的选择一般是高转速、小切深、慢进给，必要时选用恒线速度切削。图 4-13 所示为精车加工示例，其零件图参见图 2-51，假设零件已完成左端加工，这里是调头加工右端的精车工步，自定心卡盘装夹，装夹点 j 与槽边对齐。

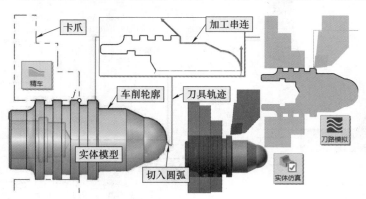

图 4-13　精车加工示例

1．加工前准备

由于这个精车加工是粗车加工后的工序，因此，可直接打开系统提供的完成了粗车加工的练习文件（扫描前言二维码可获取）和结果文件。

2．精车加工操作的创建与参数设置

以图 4-13 所示的精车加工示例为例介绍创建过程和参数设置（前言二维码中有相应文

档可供学习参考）。

（1）精车加工操作的创建　单击"车削→标准→精车"功能按钮 ⟍ ，弹出操作提示"选择点或串连外形"和"串连选项"对话框，默认"部分串连"按钮 ⟋⟍ 有效，由于精车加工串连与粗车相同，因此选择方法也相同。另外，若是紧接着粗车编程，则可直接单击"选择上次"按钮 ⟍ 来快速选择。选择结束后单击确认按钮，弹出"精车"对话框，默认为"刀具参数"选项卡。

（2）精车加工参数设置　这些参数设置主要集中在"精车"对话框中。

1）"刀具参数"选项卡。对于单件小批量生产，为减少刀具数量，一般与粗车使用同一把刀具，批量生产可考虑换一把刀具并修改刀具号和补正号等。此处依然采用前述车端面和粗车外圆的车刀，其刀具选择参见图 4-3，一般而言，精车的切削用量与粗车不同，要重新设置。另外，注意参考点设置与前面统一。

2）"精车参数"选项卡（见图 4-14）。"控制器"补正可避免锥面与圆弧面的欠切问题，同时可通过刀具补偿控制加工精度，若这里取"控制器"补正，建议粗车也取控制器补正。若后续不加工，则预留量设置为 0，精车一般取 1 次，这时精车步进量设置无意义。"切入/切出"设置方法与粗车加工基本相同，这里为了提高球面顶部的圆顺过渡，单击"切入/切出"按钮，在弹出的"切入/切出设置"对话框的"切入"选项卡中勾选并单击"切入圆弧"按钮，通过弹出的"切入/切出圆弧"对话框（见图 4-7）设置切入圆弧，设置的切入圆弧在图 4-14 中可见。

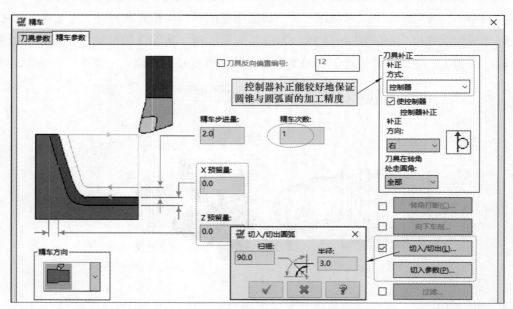

图 4-14　"精车"对话框→"精车参数"选项卡

3. 生成刀具路径及其路径模拟与实体仿真

同粗车加工基本相同，首次设置确定后，系统会自动计算刀路，后续修改必须重新计算刀路。刀具路径模拟与仿真操作同粗车加工，路径模拟与实体仿真结果如图 4-12 所示。

4.5　车沟槽加工

本节的"沟槽"（▥按钮）指径向车削为主的沟槽（Groove）加工，其沟槽的宽度不大，对于较宽的沟槽建议选用后续介绍的切入车削（Plunge Turn）加工等策略。Mastercam 的沟槽加工策略是将粗、精加工放在一个对话框中设置完成。

1．沟槽的加工方法

单击"车削→标准→沟槽"功能按钮▥，首先弹出的是"沟槽选项"对话框，提供了 5 种定义沟槽的方式，如图 4-15 所示，默认是应用较多的"串连"选项。

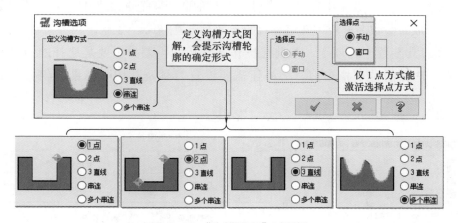

图 4-15　"沟槽选项"对话框

（1）1 点方式　选择一个点定义沟槽的位置，沟槽宽度、深度、侧壁斜度、过渡圆角等形状参数均在"沟槽形状参数"选项卡中设定。仅 1 点方式会激活右侧的"选择点"选项，"手动"选项为默认方式，可鼠标拾取单个点来定义沟槽位置；"窗口"选项可窗选多个点来定义多个沟槽位置。

（2）2 点方式　选择沟槽的右上角和左下角两个点来定义沟槽的位置、宽度和深度，侧壁斜度、过渡圆角等形状参数则在"沟槽形状参数"选项卡中设定。

> 💡 **提示**
>
> 以上的"点"必须是"线框→绘点→…"功能绘制出的点图素。

（3）3 直线方式　选择 3 条直线定义沟槽的位置、宽度和深度，侧壁斜度、过渡圆角等形状参数则在"沟槽形状参数"选项卡中设定。3 条直线中第 1 条与第 3 条直线必须平行且等长。直线的选择，必须使用部分串连▨、窗口▭或多边形▱方式选择 3 条串连曲线。

"部分串连"方式分别选择第 1 条线靠近起点处和第 3 条线靠近终点处。

"窗口"方式先按住鼠标拖选三条线，然后按提示选择第 1 条线的起点。

"多边形"方式先单击多点沟槽处包含三条线的多边形（双击结束多变形选择），然后选取第 1 条线的起点。

（4）串连方式　以串连 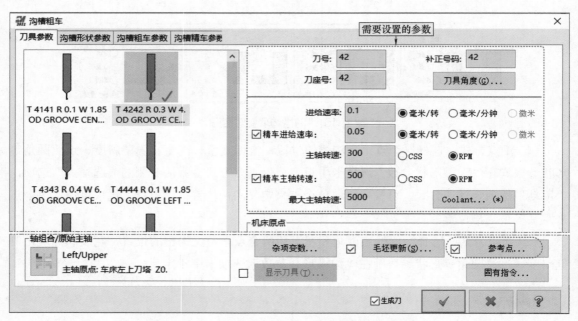 方式选择一个串连曲线构造沟槽，此方式沟槽的位置与形状参数均由串连曲线定义，在"沟槽形状参数"选项卡中设定的参数不多。该方式定义的沟槽比 3 直线方式更复杂。

（5）多个串连方式　以串连 方式连续选择多个串连曲线构造多个沟槽一次性加工。其余同串连方式。多个串连适合形状相同或相似、切槽参数相同的多个串连沟槽的加工。

2．沟槽加工的主要参数设置

沟槽加工的主要参数集中在"沟槽粗车"对话框的 4 个选项卡中，沟槽的参数设置项目较多，但一般看参数名称就可知道参数的含义及设置方式。

（1）"刀具参数"选项卡　与前述操作基本相同，差异主要是选择的刀具不同，如图 4-16 所示选择的是切槽车刀，另外还需要设置刀具及其切削用量的相关参数和参考点等。

图 4-16　"沟槽粗车"对话框→"刀具参数"选项卡

（2）"沟槽形状参数"选项卡　图 4-17 所示为 1 点定义沟槽的形状参数设置页面，2点与 3 直线仅高度和宽度参数呈灰色，不可设置。

图 4-18 所示为串连和多个串连定义沟槽的形状参数设置页面，其仅可激活并设置调整外形起始线、调整外形终止线参数等。

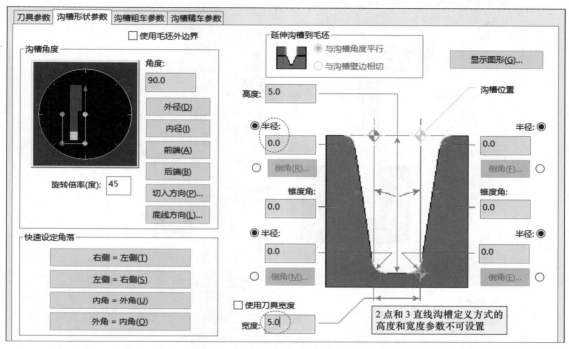

图 4-17　"沟槽粗车"对话框→"沟槽形状参数"选项卡（1点、2点与3直线）

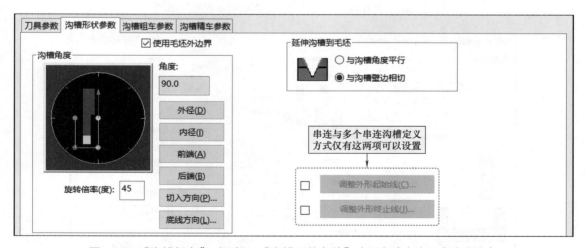

图 4-18　"沟槽粗车"对话框→"沟槽形状参数"选项卡（串连和多个串连）

（3）"沟槽粗车参数"选项卡　如图 4-19 所示，选项较多，但看图设置即可。

（4）"沟槽精车参数"选项卡　如图 4-20 所示，选项较多，但看图设置即可。

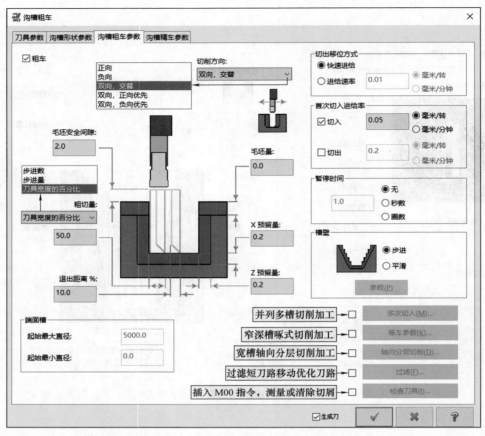

图 4-19 "沟槽粗车"对话框→"沟槽粗车参数"选项卡

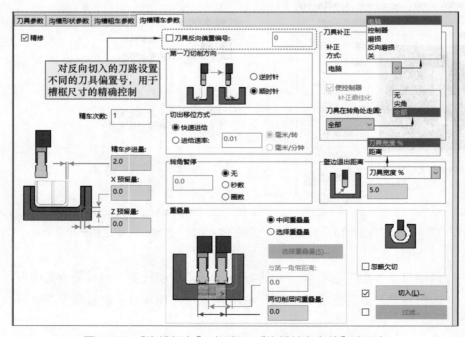

图 4-20 "沟槽粗车"对话框→"沟槽精车参数"选项卡

3. 沟槽加工设置示例

图 4-21 所示为沟槽加工示例，其零件图依然为图 2-51 的样例 2，假设其已完成了外圆的粗、精车加工，这里继续进行三条宽度为 5mm 的槽加工，必须注意的是，槽宽有尺寸精度要求。

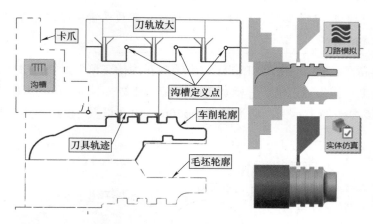

图 4-21　沟槽加工示例——外圆槽

沟槽加工的过程如下：

1. 加工前准备

由于这个沟槽加工是前述粗、精车加工的继续，因此，可直接打开这个已完成粗、精车加工的文件开始练习，扫描前言二维码可获取练习文件。

2. 精车加工操作的创建与参数设置

以图 4-21 所示的沟槽车加工示例为例介绍创建过程和参数设置（扫描前言二维码可获取练习文件）。

（1）沟槽加工操作的创建　单击"车削→标准→沟槽"功能按钮，弹出"沟槽选项"对话框，选择"1 点"单选按钮，单击确认按钮，弹出选择点操作提示，按图 4-21 所示刀轨放大图自右向左依次选择三个沟槽定义点，选择完成后，按回车键，弹出"沟槽粗车（串连）"对话框。

（2）沟槽加工参数设置　这些参数设置主要集中在"沟槽粗车"对话框中，主要参数简述如下，设置页面分别参照图 4-16～图 4-19 的相关内容。

1）"刀具参数"选项卡（见图 4-16）。选择一把刀片宽度为 W4.0、刀尖圆角半径为 R0.3、右手型的外圆切槽车刀。刀库信息为：刀号 T4848、刀具名称 OD GROOVE RIGHT-MEDIUM、刀片信息 R0.3 W4，将刀号和刀补号分别修改为 2，即将刀具编号改为 T0202。

2）"沟槽形状参数"选项卡（见图 4-17）。按 1 点法定义，需要设置槽深和槽宽，因此，将半径设置为 3.0（即槽深度），将宽度设置为 5.0。

3）"沟槽粗车参数"选项卡（见图 4-19）。切削方向：负向，其余参数按默认即可。

4）"沟槽精车参数"选项卡（见图 4-20）。由于槽宽有尺寸精度要求，因此，勾选"刀具反向偏置编号"，并将编号设置为 12。

📠 **说明**

刀具编号为 T0202，反向刀具偏置编号为 12，相当于反向切削为 T0212，由于第 3 步设置为"负向"，即切割槽时先切槽右侧边（T0202），后切槽左侧边（T0212），右侧边的精确位置依靠对刀建立的工件系初定位置，可通过 02 号偏置精确修正尺寸精度，反向左侧的边可通过 12 号偏置精确修正尺寸精度（实质是修正刀片宽度误差），从而达到精确控制槽宽的目的。

与前述粗、精车一样，沟槽加工同样适用于内孔沟槽车削，从图 4-21 可见样例 2 的内孔还有一条退刀槽，作为退刀槽，其槽宽尺寸精度一般要求不高，可不考虑沟槽精车走刀。图 4-22 所示为该沟槽加工示例，切沟槽前，$\phi20$mm 内孔以及 M24 螺纹底孔已经加工至所需尺寸。

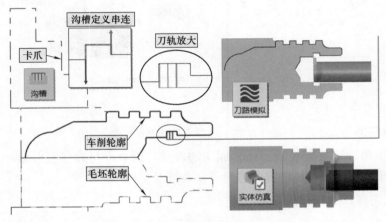

图 4-22　沟槽加工示例——内控槽

在图 4-22 的示例中，槽的定义为串连，考虑到退刀槽的尺寸精度要求不高，该示例未安排精车沟槽。内孔切槽最大的问题是内控镗刀的选择，这里按国内某刀具商样本上的刀具尺寸设置了内孔镗刀，在"定义刀具"对话框"刀片"选项卡中设置的刀片尺寸为：宽度 $D=2.25$，$A=2.1$；"刀杆"选项卡中设置的尺寸为：圆截面刀杆，刀杆直径 $A=16$mm，刀片装夹尺寸 $C=2.1$mm，刀刃偏置尺寸 $D=11$。另外，在"沟槽粗车参数"选项卡中，将"毛坯安全间隙"设置为 1.0，X 和 Z 的预留量设置为 0，取消"沟槽精车参数"选项卡中的"精修"复选框选项，未尽参数按默认设置。具体读者可打开前言二维码中的相应文档研习。

4.6　车螺纹加工

"车螺纹"（🔛按钮）加工是数控车削中常见的加工方法之一，可加工外螺纹、内螺纹或端面螺纹槽等。图 4-23 所示为可旋合的螺纹套件，原料为 $\phi45$mm 圆钢，材料牌号为 45 钢，未注倒角为 C1。图 4-23a 所示外螺纹的加工工艺为：粗、精车外圆→车端面→车退刀槽→车螺纹→切断，调头→车端面；图 4-23b 所示内螺纹从左端开始加工，加工工艺为：车端面→钻孔深约 37mm →粗、精车外圆→粗、精车内孔→切断，调头，车端面→粗、精车 ϕ30mm 孔→车螺纹底孔→车螺纹。图 4-24 所示为螺纹加工示例。

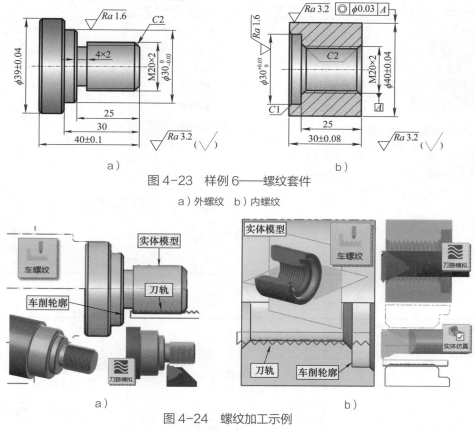

图 4-23　样例 6——螺纹套件

a）外螺纹　b）内螺纹

图 4-24　螺纹加工示例

a）外螺纹　b）内螺纹

1. 加工前准备

前言二维码中给出了图 4-24 的练习文件和结果文件，可供学习参考。

2. 车螺纹加工操作的创建与参数设置

以图 4-24a 所示的外螺纹车加工示例为例介绍创建过程和参数设置。

（1）车螺纹加工操作的创建　单击"车削→标准→车螺纹"功能按钮，弹出"车螺纹"对话框，默认为"刀具参数"选项卡。注意，车螺纹加工与车端面加工类似，不需要选择加工串连等曲线，而是在对话框中通过参数设定完成。

（2）车螺纹加工参数设置　这些参数设置主要集中在"车螺纹"对话框中。

1）"刀具参数"选项卡（见图 4-25），与前述基本相同，主要是选择的刀具不同，另外还需要设置切削参数和参考点等。

2）"螺纹外形参数"选项卡。螺纹外形参数——导程、牙型角、大径、小径等，一般由表单或公式计算设置，不需要单独填写，具体为单击"由表单计算"按钮（见图 4-26a），从弹出的"螺纹表单"对话框中选取确定，如图 4-26b 左图所示。或者，单击"运用公式计算"按钮，从弹出的"运用公式计算螺纹"对话框中计算确定（见图 4-26b 右图）。在"螺纹外形参数"选项卡中，操作者只需要设定螺纹的起始与结束位置参数等即可。

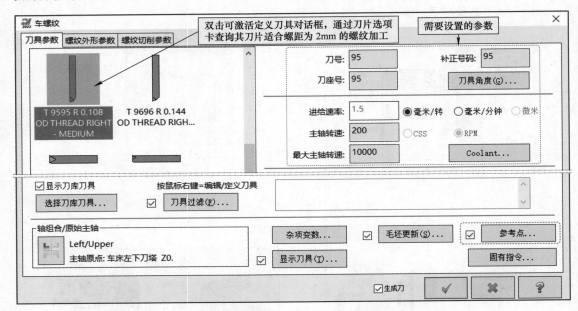

图 4-25 "车螺纹"对话框→"刀具参数"选项卡

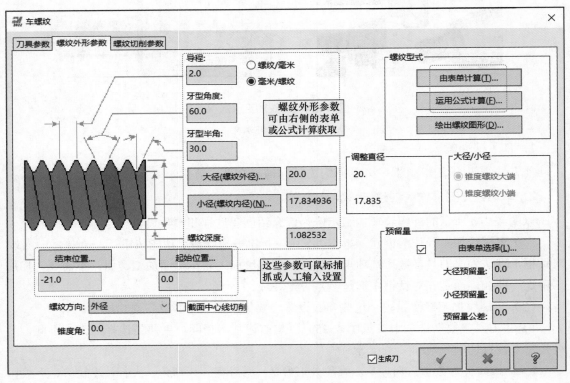

a）

图 4-26 "车螺纹"对话框→"螺纹外形参数"选项卡

a）"螺纹外形参数"选项卡　b）"螺纹表单"和"运用公式计算螺纹"对话框

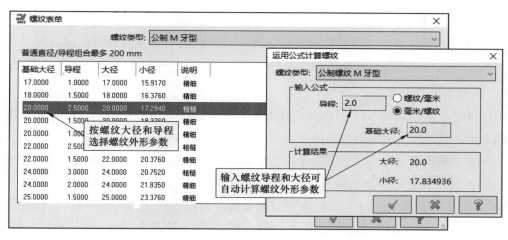

b）

图 4-26　"车螺纹"对话框→"螺纹外形参数"选项卡（续）

a）"螺纹外形参数"选项卡　b）"螺纹表单"和"运用公式计算螺纹"对话框

3）"螺纹切削参数"选项卡（见图 4-27）。NC 代码格式（即螺纹加工指令）根据需要选用，其余按图示设置即可。注意：固定循环指令 G76 后处理生成的指令格式与实际使用的机床格式可能存在差异，因此，要对输出程序对比研究，为后续使用输出程序的快速修改提供指导。

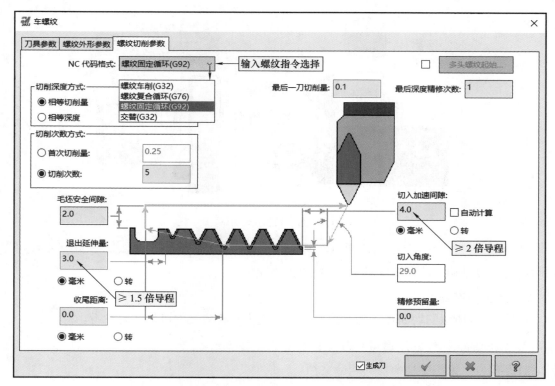

图 4-27　"车螺纹"对话框→"螺纹切削参数"选项卡

3．生成刀具路径及其路径模拟与实体仿真

首次设置并确认后，系统会自动计算刀路，后续修改必须重新计算刀路。刀具路径模拟与仿真操作同粗车加工，实体仿真结果参见图 4-24。

4．内螺纹车加工讨论

以图 4-23b 所示内螺纹车削为例，其主要问题是螺纹内径偏小，因此，主要是内螺纹镗刀的选择，首先，查阅某刀具商的车刀样本，然后选中 Mastercam 系统中最接近的刀具，按样本尺寸参数设置，使仿真合适即可。这里选择了系统提供的 ID THREAD MIN. 20. DIA. 内控镗刀，双击或右击快捷菜单打开"定义刀具"对话框，刀片选择螺距为 2.0mm、尺寸 A（内切圆直径）为 9.525mm、刀杆为圆形横截面、刀杆直径 A 为 12.0mm、刀尖偏置 C 为 9.0mm、长度 B 为 125mm 的内螺纹车刀。螺纹外形参数按螺距 2.0mm，运用公式计算获得。

4.7　切断加工

"切断"（ 按钮），又称截断，是直径较小零件的数控车削的最后一个工步，通过指定加工模型上的指定点，径向进给切断零件。图 4-28 所示为基于图 4-23a 的零件的切断工步示例，图中装夹点位置为 Z-60 左右。

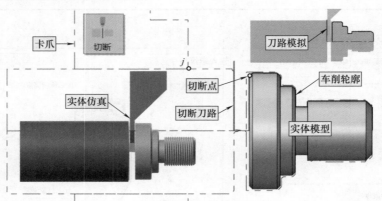

图 4-28　切断工步示例

切断加工时，只需要指定切断点，其切削深度可以自动或手动指定，因此其不仅可以切断，而且可以加工切削宽度等于刀具宽度的窄槽。

1．加工前准备

以图 4-28 所示的切断加工为例，前言二维码中有相应文件可供学习参考。

2．切断加工操作的创建与参数设置

打开前言二维码中切断前的相应文档。

（1）切断加工操作的创建　单击"车削→标准→切断"功能按钮 ，弹出操作提示："选择切断边界点"，鼠标拾取切断点，弹出"车削截断"对话框，默认为"刀具参数"选项卡。

（2）切断加工参数设置　这些参数设置主要集中在"车削截断"对话框中。

1）"刀具参数"选项卡（见图 4-29）。主要是刀具的选择不同，其余设置同前所述，此处激活了 W=4 的右手型切断刀（OD CUTOFF RIGHT），将刀杆的切削深度参数 C 修改为 22.0（图中未示出）。

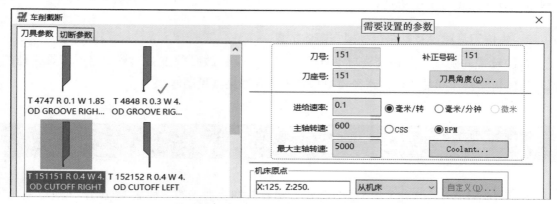

图 4-29　"车削截断"对话框→"刀具参数"选项卡

2）"切断参数"选项卡（见图 4-30）。是切断加工参数设置的主要区域，主要设置选项参见图中说明。其中，左下角的"二次进给速率 / 主轴转速"选项设置，可控制切断到一定直径时变换进给速度与主轴转速。

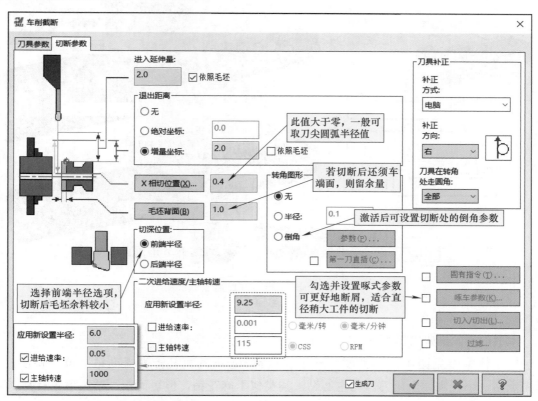

图 4-30　"车削截断"对话框→"切断参数"选项卡

⚠️ **注意**

① 切断加工的 *X* 相切位置参数设置一般不需要切至 0，实际中一般切至直径为 1～2mm，工件会在重力和离心力等作用下分离，绝对不要切过轴线刀尖圆角半径值。② 通过控制切入深度可实现槽宽等于刀片宽度槽的加工。

3. 生成刀具路径及其路径模拟与实体仿真

首次设置并确认后，系统会自动计算刀路，后续修改必须重新计算刀路。刀具路径模拟与实体仿真操作同前所述，路径模拟与实体仿真结果参见图 4-28。

4.8　车床钻孔加工

车床"钻孔"（▣按钮）加工是在车床上进行轴向孔加工的一种加工策略，可进行钻孔、钻中心孔、点钻孔窝、攻丝、铰孔、镗孔等。图 4-31 所示为钻孔加工示例，工程图参见图 1-9，钻孔前状况如图 4-1 所示，已完成调头车端面加工，下面通过该示例介绍车床钻孔加工编程，其加工工艺为：点钻孔窝→钻 ϕ8mm 孔至尺寸。

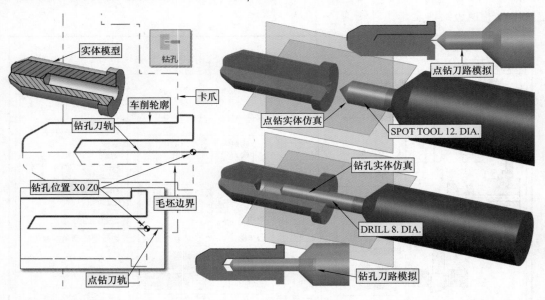

图 4-31　钻孔加工示例

1. 加工前准备

本书前言二维码中提供了相应文档，可供学习参考。

加工模型参见图 4-31，需要钻一个 ϕ8mm×36mm 的盲孔，为提高钻孔位置精度，一般先点钻一个孔窝，所用刀具为定心钻，其类似于麻花钻，但短而粗，钻头顶角有 90° 和 120° 两种，图示的定心钻顶角为 90°，直径为 12mm，点钻孔深度为 3mm。钻孔加工按孔径等选择即可，故选用 ϕ8mm 麻花钻，注意到系统里默认没有这一规格的刀具，故先选用接近规格的 ϕ9mm 钻头，双击激活后通过编辑获得。

2. 钻孔加工操作的创建与参数设置

以图 4-31 所示的钻孔加工示例为例介绍创建过程和参数设置。

（1）钻孔加工操作的创建　单击"车削→标准→钻孔"功能按钮 ，弹出"车削钻孔"对话框，默认为"刀具参数"选项卡。

（2）钻孔加工参数设置　这些参数设置主要集中在"车削钻孔"对话框中。

1）"刀具参数"选项卡（见图 4-32）。刀具列表中默认可见到 4 种孔加工刀具：点钻刀具（STOP TOOL）（又称定心钻）、钻头（DRILL）、中心钻（CENTER DRILL）和平底铣刀（END MILL）（相当于平底钻头）。由于刀具库中没有 ϕ8mm 的钻头，因此双击激活（或右击弹出快捷菜单，单击"编辑刀具"命令）规格接近的 ϕ9mm 的钻头，再通过编辑获得。另外，钻孔窝一般采用专用的定心钻，如图所示的 ϕ12mm 的点钻。

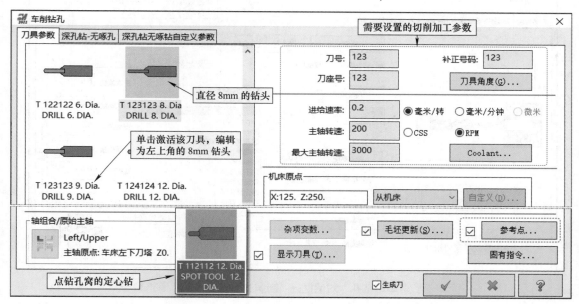

图 4-32　"车削钻孔"对话框→"刀具参数"选项卡

2）"深孔钻 - 无啄孔"选项卡，其实质是钻孔参数选项卡，是钻孔加工主要的参数设置区域。选项卡的名称与循环下拉列表的循环选择对应，默认的"深孔钻 - 无啄孔"选项卡名称对应"钻头 / 沉头钻"循环选项（钻头 / 沉头钻 =Drill/Counterbore），如图 4-33 上图点钻的循环选项，另外点钻的深度为 3mm。

图 4-33 下图的"断屑式 - 增量回缩"选项卡名称对应的是"Chip break（G74）"循环。深度设置可先输入孔深，然后单击深度计算按钮 计算深度增加量，对于图 4-33 所示编程模型中绘制的孔底的加工模型，可单击"深度"按钮，鼠标捕抓加工模型上的孔底位置（注意钻头的刀位点是钻头顶点）。钻孔位置默认为（X0，Z0），不用再选择。"循环"下拉列表对数控程序及钻孔的指令有较大的影响。"钻头 / 沉头钻"选项是普通孔加工方式，即

基于基本编程指令 G01 直接钻至孔底，必要时可在孔底设置暂停；"Chip break（G74）"选项可生成 FANUC 系统的 G74 指令循环格式，有较好的断屑效果；"深孔啄钻（G83）"选项不仅有较好的断屑效果，而且还有较好的排屑效果，两者均适用于深孔加工。循环参数设置有很多，且每种循环用到的参数不一样，建议读者选择某种循环，通过设置参数和后处理生成加工代码，研究这些参数应该如何设置。选择生成的孔加工循环指令对应的 G74 指令程序段如图 4-33 左下角所示，首次啄钻 8.0 对应指令中的"Q8."，安全余隙 0.5 对应指令中的"R0.5"。

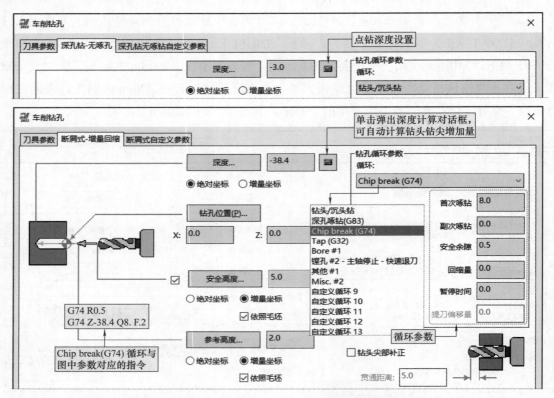

图 4-33 "车削钻孔"对话框→"断屑式 – 增量回缩"等选项卡

3）"深孔钻无啄钻自定义参数"选项卡，其名称也与循环下拉列表的循环选项有关，用户可自定义断屑式循环加工，实际中用得不多。

3. 生成刀具路径及其路径模拟与实体仿真

首次设置并确认后，系统会自动计算刀路，后续修改必须重新计算刀路。刀具路径模拟与仿真操作同粗车加工，图 4-31 中的路径模拟与实体仿真结果即为钻孔的结果。

4.9 数控车床基本编程实例与练习

✎ 练习 4-1 试依据图 2-51 所示"样例 2"工程图，完成其数控车床编程全过程工作。

要求：

1）依据图 2-51 所示"样例 2"工程图，完成其三维建模工作并保存为"样例 2.mcam"，并导出 STP 格式文件"样例 2.stp"。

2）依据现有所学知识，完成其数控加工编程工作，并生成 NC 代码。

知识提示：毛坯为 ϕ50mm×94mm 圆钢，材料为 45 钢。

工艺过程：首先加工左端，钻 ϕ18mm（深约 36mm）孔→车端面→粗、精车外圆至尺寸→车三个外圆槽→车螺纹底孔，车 ϕ20mm 内孔→车内螺纹退刀槽→车内螺纹；然后调头加工右端，粗车外圆→精车外圆至尺寸。

📢 说明

① 建议用"文件→部分保存"功能导出 STP 格式文件。② 左端第 3 步的"粗、精车外圆至尺寸"要求在同一操作中，基于"半精车"选项完成精车加工。③ 右端精车外圆要求圆弧切入。④ 大部分内容在此之前的学习中均有设置，建议首先在不查阅前期学习内容的基础上进行工作。另外，前言二维码中有相应结果文件供研习参考。

✍ 练习 4-2　已知工程图为如图 4-34 所示的 STP 格式文档（前言二维码提供了练习文件和结果文件）。材料为 45 钢，毛坯尺寸为 ϕ40mm×99mm，加工工艺：先加工左端，然后调头加工右端。加工编程练习步骤见表 4-1。

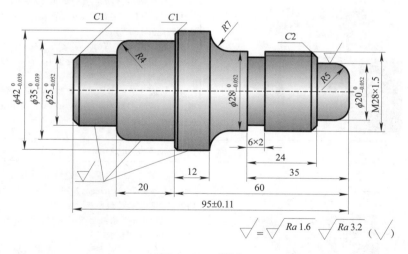

图 4-34　样例 7

1）建议依据图 4-34 所示工程图，练习其 3D 建模，并导出为"练习 4-2.stp"文件。亦可跳过这一步，直接从前言二维码扫码调用该文档。

2）表 4-1 给出了数控加工编程过程图解，读者可逐步练习。同时，还可直接调用加工结果文件研习。

表 4-1　练习 4-2 的加工编程练习步骤

步骤	图例	说明
1	练习 4-2.stp	依据工程图，创建 3D 模型
2	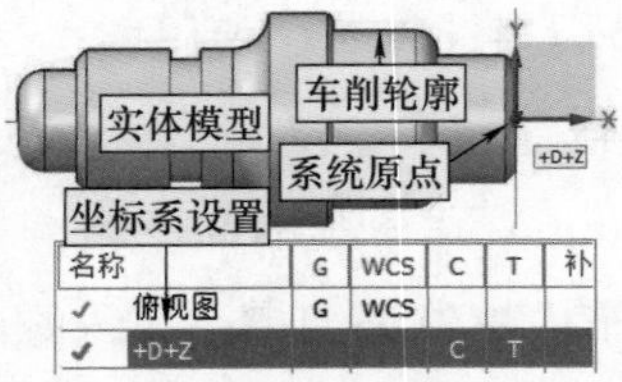	首先加工左端，创建编程环境： 1）启动 Mastercam 2022，导入文件"练习 4-2.stp"，将左端面圆中心移至系统原点 2）设置图层 3 为当前层，提取车削轮廓线 3）单击"机床→机床类型→车床→默认"指令，进入车床模块，在"平面"管理器中设置 +D+Z 平面作为工件坐标系
3	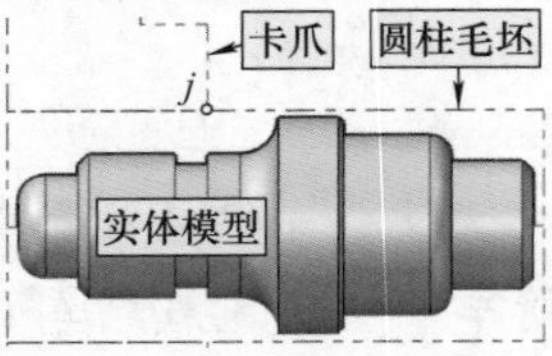	设置毛坯、卡爪等： 1）定义圆柱毛坯，尺寸为 ϕ45mm×99mm，端面余量为 2mm 2）设置卡爪，默认参数图形，外径夹紧（长圆柱定位），卡爪定位点 j（D45，Z−60）
4	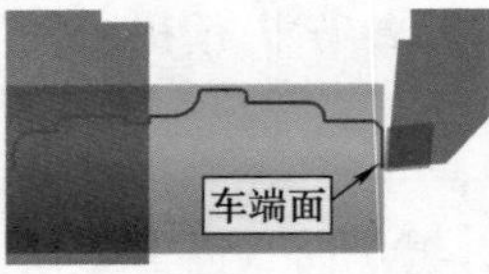	车端面： 1）加工策略：车端面 2）刀具参数：80°刀尖角右手粗车刀，刀具编号为 T0101，进给量为 0.2mm/r，主轴转速为 800r/min 3）车端面参数：勾选"粗车步进量"选项，精车步进量为 0.4mm，精车 1 刀 4）参考点为（D140，Z100）（下同）
5	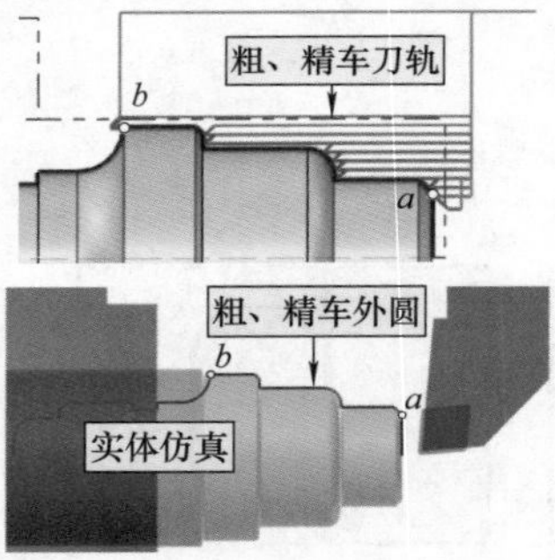	粗、精车外圆： 1）加工策略：粗车；部分串连（$a \to b$） 2）刀具参数：刀具共用车端面车刀，进给量为 0.2mm/r，主轴转速为 1000r/min 3）粗车参数：背吃刀量为 1.5mm，X 和 Z 预留量为 0.4mm，控制器补正。切入延长 1mm，切出延长 2.0mm，毛坯识别选择"使用毛坯外边界"选项 4）勾选"半精车"按钮并激活，设置精车参数，切削次数为 1，背吃刀量为 0.15mm，X 和 Z 预留量为 0，进给量为 0.1mm/r，主轴转速为 1200r/min
6	练习 4-2.stp	调头，车削加工右端
7	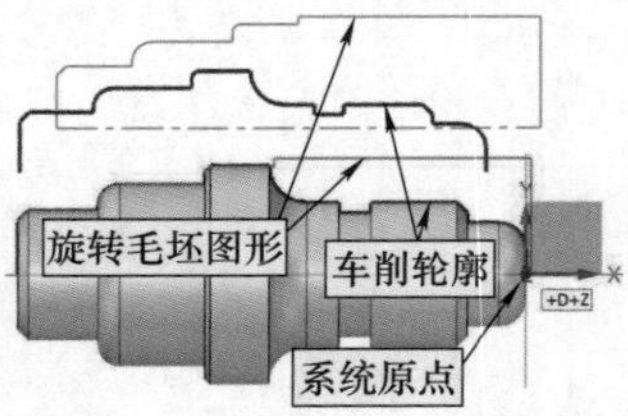	调头，车削加工右端，创建编程环境： 1）重新启动 Mastercam 2022，导入文件"练习 4-2.stp"，将右端面圆中心移至系统原点 2）提取车削轮廓线至图层 3。再次提取轮廓并编辑，使旋转毛坯图形至图层 5 3）与第 1 步相同方法，进入车削模块，设置工件坐标系 +D+Z 平面
8	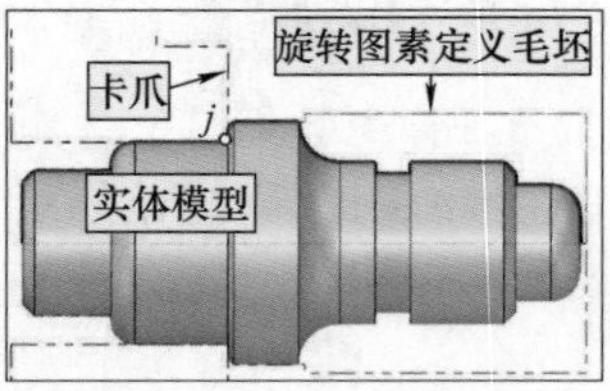	设置毛坯、卡爪等： 1）基于旋转毛坯图形左端加工后的毛坯，端面余量为 2mm 2）设置卡爪，默认参数图形，外径夹紧，卡爪定位点如图 j 点（长圆柱 + 小端面定位），坐标值为（D35，Z−60）

（续）

步骤	图例	说明
9	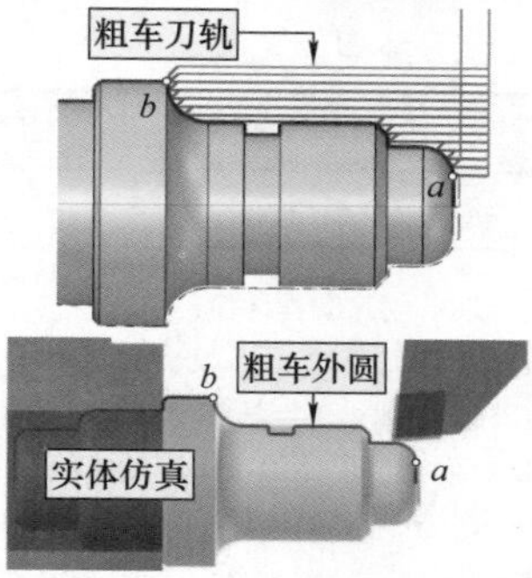	粗车外圆： 1）加工策略：粗车；部分串连（$a \rightarrow b$） 2）刀具参数：80°刀尖角右手粗车刀，刀具编号为 T0101，进给量为 0.2mm/r，主轴转速为 1000r/min 3）粗车参数：背吃刀量为 1.5mm，X 和 Z 预留量为 0.4mm，电脑补正，切出延长 1.0mm，毛坯识别选择"使用毛坯外边界"选项 4）参考点为（D140，Z100）（下同）
10	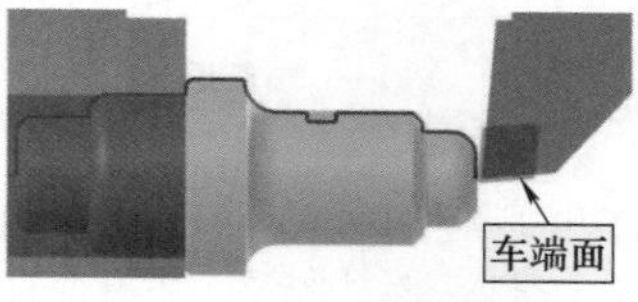	车端面： 1）刀具参数：刀具同外圆粗车，进给量为 0.2mm/r，主轴转速为 800r/min 2）车端面参数：勾选"粗车步进量"选项，精车步进量为 0.4mm，精车 1 刀
11	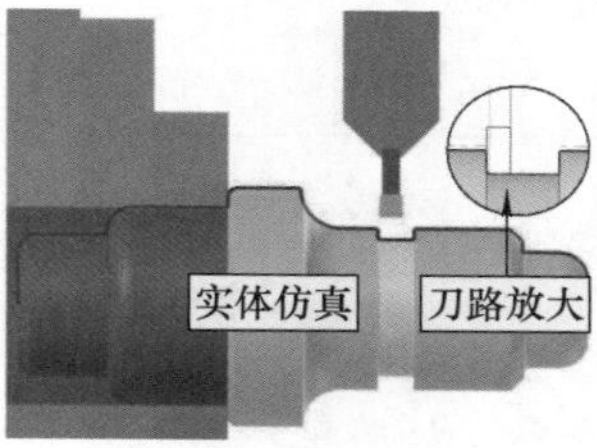	车退刀槽： 1）加工策略：沟槽，定义方式为自定 2）刀具参数：宽度为 4.0mm 的中置车槽刀，进给量为 0.1mm/r，主轴转速为 800r/min 3）沟槽粗车参数：切削方向为负，X 和 Z 预留量为 0 4）沟槽精车参数：取消"精修"复选框勾选
12	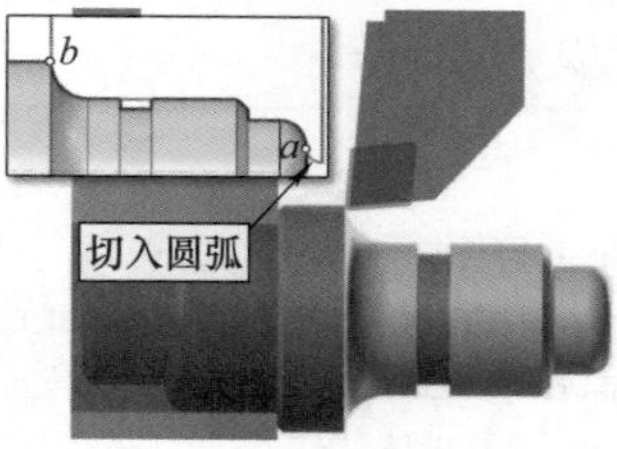	精车外圆： 1）加工策略：精车，加工串连同粗车 2）刀具参数：刀具同粗车，进给量为 0.1mm/r，主轴转速为 1200r/min 3）精车参数：精车 1 次，X 和 Z 预留量为 0，控制器补正。设置切入圆弧，扫描角为 90°，半径为 3mm，取消切入向量，切出延长为 1mm，退刀方向无
13	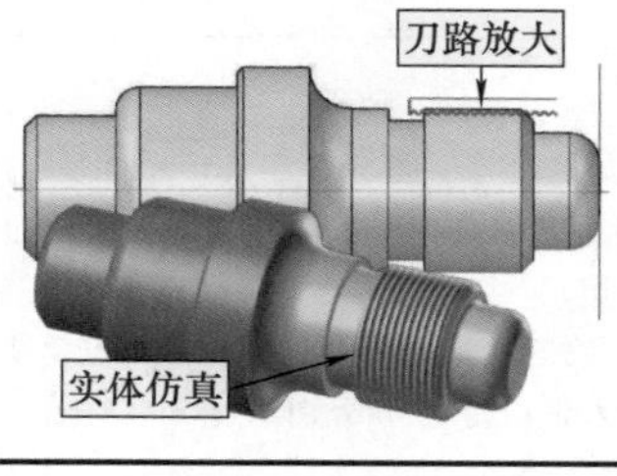	车螺纹： 1）加工策略：车螺纹 2）刀具设置：米制 60°螺纹刀片右手螺纹车刀，主轴转速为 300r/min 3）螺纹外形参数：运用公式计算，导程为 1.5mm，大径为 28mm，起始位置为 −11.0mm，结束位置为 −29.0mm 4）螺纹切削参数：输出 NC 代码格式 G92，精修 1 次，切削 5 次，切入加速间隙为 4.0mm，退出延伸量为 2.0mm

✏️ 练习 4-3　已知工程图为如图 3-14 所示（前言二维码提供了练习文件和结果文件）。材料为 45 钢，毛坯尺寸为 ϕ55mm×94mm，加工工艺：先加工右端，然后调头加工左端，两端均要有中心孔。加工编程练习步骤见表 4-2。

依据工程图要求，制定加工工艺：第 1 步，右端车削，卡爪装夹，车端面→钻中心孔→粗车外圆→精车外圆；第 2 步，调头加工左端，卡爪装夹，车端面→钻中心孔；第 3 步，

"一夹一顶"装夹，左端继续加工，粗车外圆→精车外圆→车退刀槽→车螺纹。表 4-2 为其加工过程图解。

表 4-2　练习 4-3 的加工编程练习步骤

步骤	图例	说明
1	练习 4-3.stp	依据工程图，创建 3D 模型
2		首先，加工右端，创建编程环境： 1）启动 Mastercam 2022，导入文件"练习 4-3.stp"，将右端面圆心移至系统原点 2）设置图层 3 为当前层，提取车削轮廓线 3）单击"机床→机床类型→车床→默认"指令，进入车床模块，在"平面"管理器中设置 +D+Z 平面为工件坐标系
3		设置毛坯、卡爪等： 1）定义圆柱毛坯，尺寸为 $\phi55mm×94mm$，端面余量为 2mm 2）设置卡爪，默认参数图形，外径夹紧（长圆柱定位），卡爪定位点 j（D55，Z-60）
4		车端面： 1）加工策略：车端面 2）刀具参数：80° 刀尖角右手粗车刀，刀具编号为 T0101，进给量为 0.2mm/r，主轴转速为 800r/min 3）车端面参数：勾选"粗车步进量"选项，精车步进量为 0.35mm，精车 1 刀 4）参考点为（D140，Z100）（下同）
5		钻中心孔： 1）加工策略：钻孔 2）刀具参数：$\phi6mm$ 中心钻（CENTER DRILL - 6. DIA.），进给量为 0.05mm/r，主轴转速为 2000r/min 3）钻孔参数：循环选钻头 / 沉头钻，深度为 -6.0mm
6		粗车外圆： 1）加工策略：粗车；部分串连（$a→b$） 2）刀具参数：刀具与车端面共用，进给量为 0.2mm/r，主轴转速为 1000r/min 3）粗车参数：背吃刀量为 1.5mm，X 和 Z 预留量为 0.35mm，电脑补正。切入延长为 0.5mm，切出延长为 3.0mm，毛坯识别选择"使用毛坯外边界"选项
7		精车外圆： 1）加工策略：精车；部分串连（$a→b$） 2）刀具参数：刀具与粗车外圆共用，进给量为 0.1mm/r，主轴转速为 1200r/min 3）精车参数：精车次数 1，X 和 Z 预留量为 0，切入延长为 0.5mm，切出延长为 3.0mm

（续）

步骤	图例	说明
8	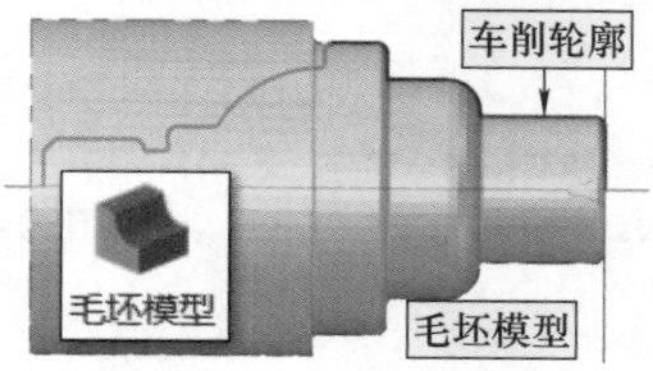	提取右端车削加工结果模型： 1）单击"车削→毛坯→毛坯模型"创建"毛坯模型"操作 2）单击"车削→毛坯→毛坯模型→导出为 STL"命令，导出右端加工结果模型（STL 格式）
9	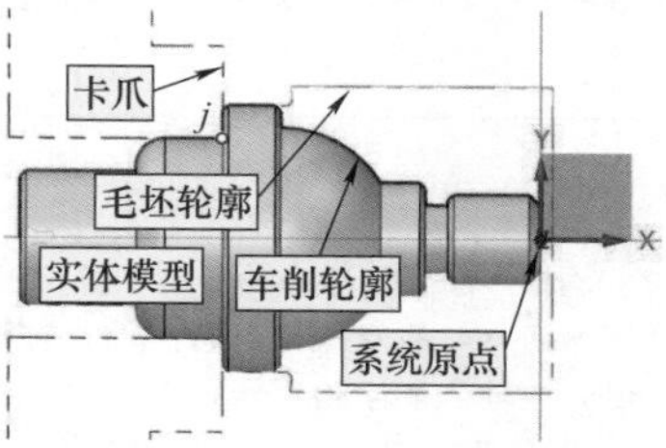	其次，调头，创建左端车端面、钻中心孔编程环境： 1）重新启动 Mastercam 2022，导入文件"练习 4-3.stp"，将左端面圆心移至系统原点 2）设置图层 3 为当前层，提取车削轮廓线 3）设置图层 5 为当前层，导入第 8 步的 STL 毛坯模型，并按端面 2mm 余量设置图示位置 4）进入车削模块，基于 STL 毛坯模型创建毛坯，按图示 j 点设置卡爪
10	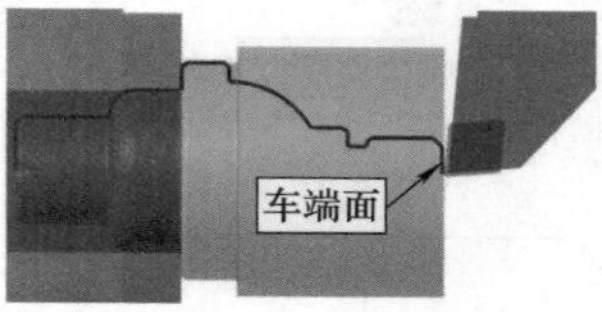	车端面： 1）加工策略：车端面 2）刀具参数：80° 刀尖角右手粗车刀，刀具编号为 T0101，进给量为 0.2mm/r，主轴转速为 800r/min 3）车端面参数：勾选"粗车步进量"选项，精车步进量为 0.35mm，精车 1 刀
11	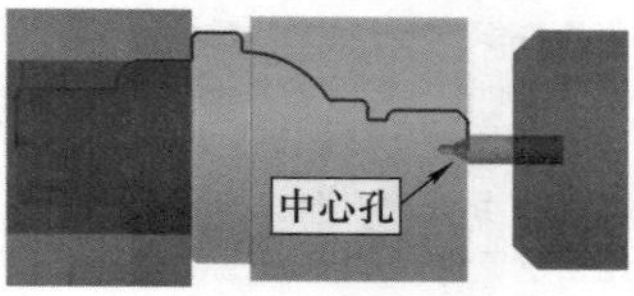	钻中心孔： 1）加工策略：钻孔 2）刀具参数：ϕ6mm 中心钻（CENTER DRILL - 6. DIA.），进给量为 0.05mm/r，主轴转速为 2000r/min 3）钻孔参数：循环选钻头 / 沉头钻，深度为 −6.0mm
12	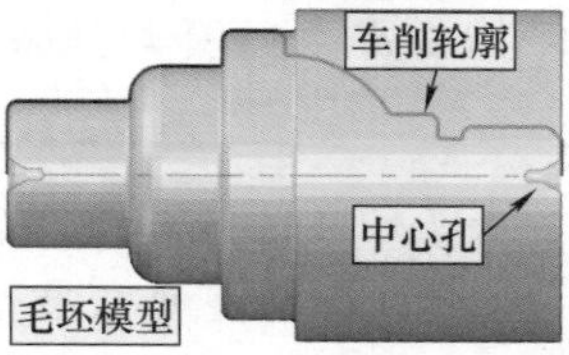	提取左端车端面、钻中心孔加工结果模型： 1）单击"车削→毛坯→毛坯模型"创建"毛坯模型"操作 2）单击"车削→毛坯→毛坯模型→导出为 STL"命令，导出左端车端面、钻中心孔加工结果模型（STL 格式）
13	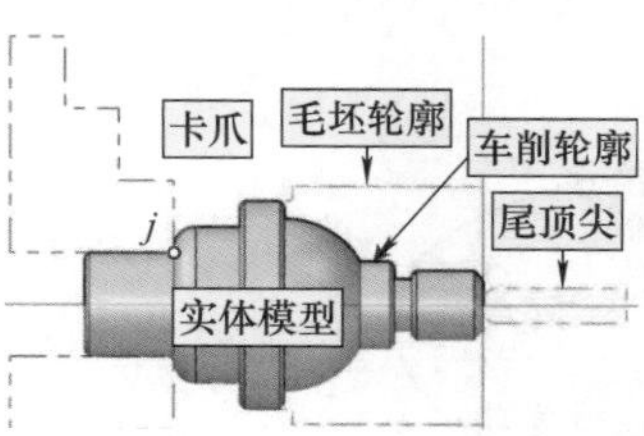	然后，"一夹一顶"装夹，创建左端继续车削编程环境： 1）重新启动 Mastercam 2022，导入文件"练习 4-3.stp"，将左端面圆心移至系统原点 2）设置图层 3 为当前层，提取车削轮廓线 3）设置图层 5 为当前层，导入第 12 步的 STL 毛坯模型，并按端面余量 0 设置图示位置 4）进入车削模块，基于 STL 毛坯模型创建毛坯；按图示 j 点设置卡爪；设置尾顶尖，中心直径为 8.0mm，轴向位置为 −4.5mm
14	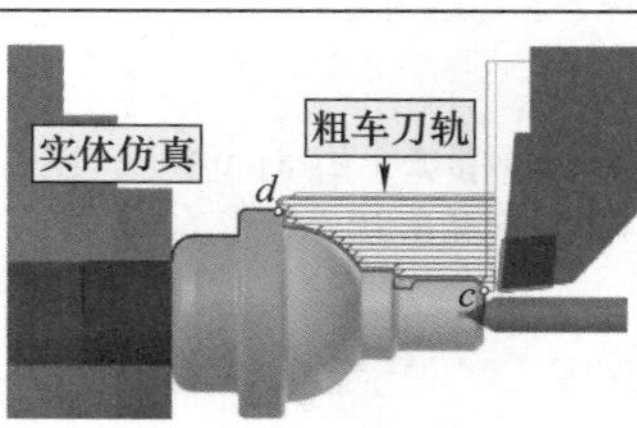	粗车外圆： 1）加工策略：粗车；部分串连（c → d） 2）刀具参数：刀具与车端面共用，进给量为 0.2mm/r，主轴转速为 1000r/min 3）粗车参数：背吃刀量为 1.5mm，X 和 Z 预留量为 0.35mm，电脑补正。切入延长为 0.5mm，切出延长为 1.0mm，毛坯识别选择"使用毛坯外边界"选项

（续）

步骤	图例	说明
15	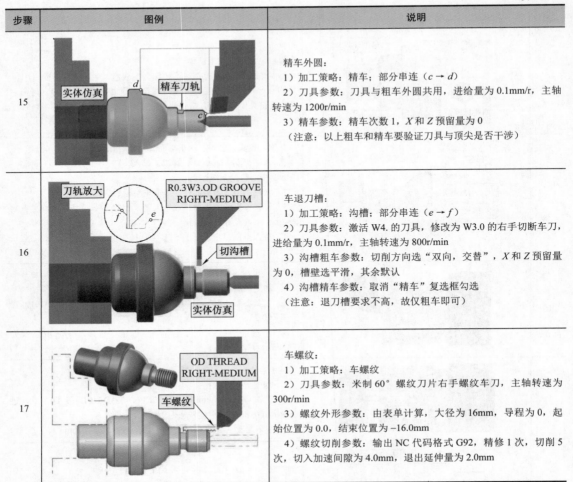	精车外圆： 1）加工策略：精车；部分串连（c → d） 2）刀具参数：刀具与粗车外圆共用，进给量为 0.1mm/r，主轴转速为 1200r/min 3）精车参数：精车次数 1，X 和 Z 预留量为 0 （注意：以上粗车和精车要验证刀具与顶尖是否干涉）
16		车退刀槽： 1）加工策略：沟槽；部分串连（e → f） 2）刀具参数：激活 W4. 的刀具，修改为 W3.0 的右手切断车刀，进给量为 0.1mm/r，主轴转速为 800r/min 3）沟槽粗车参数：切削方向选"双向，交替"，X 和 Z 预留量为 0，槽壁选平滑，其余默认 4）沟槽精车参数：取消"精车"复选框勾选 （注意：退刀槽要求不高，故仅粗车即可）
17		车螺纹： 1）加工策略：车螺纹 2）刀具参数：米制 60° 螺纹刀片右手螺纹车刀，主轴转速为 300r/min 3）螺纹外形参数：由表单计算，大径为 16mm，导程为 0，起始位置为 0.0，结束位置为 −16.0mm 4）螺纹切削参数：输出 NC 代码格式 G92，精修 1 次，切削 5 次，切入加速间隙为 4.0mm，退出延伸量为 2.0mm

✎ 练习 4-4　已知工程图为如图 4-35 所示的 STP 格式文档（前言二维码提供了练习文件和结果文件）。原料为 ϕ36mm 的 45 钢，加工工艺：先加工右端，然后调头加工右端。加工编程练习步骤见表 4-3。

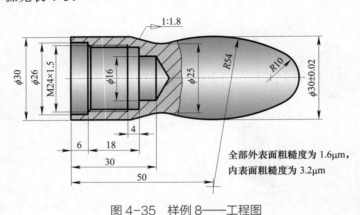

全部外表面粗糙度为 1.6μm，
内表面粗糙度为 3.2μm

图 4-35　样例 8——工程图

1）建议依据图 4-35 所示工程图，练习其 3D 建模，并导出为"练习 4-4.stp"文件。或者，从前言二维码扫码获得该练习文件。

2）表 4-3 给出了数控加工编程过程图解，读者可逐步练习。同时，还可直接调用加工结果文件研习。

表 4-3　练习 4-4 的加工编程练习步骤

步骤	图例	说明
1	练习 4-4.stp	依据工程图，创建 3D 模型
2		首先加工左端，创建编程环境： 1）启动 Mastercam 2022，导入文件"练习 4-4.stp"，将左端面圆中心移至系统原点 2）设置图层 3 为当前层，提取车削轮廓线 3）进入车床模块，建立工件坐标系
3		设置毛坯、卡爪等： 1）定义圆柱毛坯：尺寸为 $\phi36mm \times 120mm$，端面余量为 2mm 2）设置卡爪，默认参数图形，外径夹紧（长圆柱定位），卡爪定位点 j（D36，Z-95）
4		粗车外圆： 1）加工策略：粗车；部分串连（$a \rightarrow b$） 2）刀具参数：刀尖角 55° 的 D 型刀片，主偏角 93° 的 J 型刀杆，刀尖圆角为"R0.8"的右手外圆车刀（OD Right 55 deg）；进给量为 0.2mm/r，主轴转速为 1000r/min 3）粗车参数：背吃刀量为 1.5mm，X 和 Z 预留量为 0.4mm，电脑补正。切出延长 5.0mm，毛坯识别：使用毛坯外边界，切入设置允许双向垂直下刀
5		精车外圆： 1）加工策略：精车；部分串连（$a \rightarrow b$） 2）刀具参数：刀具与粗车外圆共用，进给量为 0.1mm/r，主轴转速为 1200r/min 3）精车参数：精车次数 1，X 和 Z 预留量为 0，增加切入圆弧扫描角 60°，半径为 5.0mm，切出延长为 4.5mm，切入参数切入设置允许双向垂直下刀
6		切断： 1）加工策略：切断；切断边界点为 e 2）刀具参数：激活 W4. 切断刀，并将其修改为 W3. 右手外圆切断刀（OD CUTOFF RIGHT），然后将刀杆切削深度参数 C 修改为 17.0mm，进给量为 0.1mm/r，主轴转速为 800r/min 3）切断参数：增量坐标为 3.0mm，X 相切位置为 1.0mm，毛坯背面为 1.0mm，切深位置为前端半径；二次进给速度半径为 5.0mm，进给量为 0.05mm/r，主轴转速不变

（续）

步骤	图例	说明
7	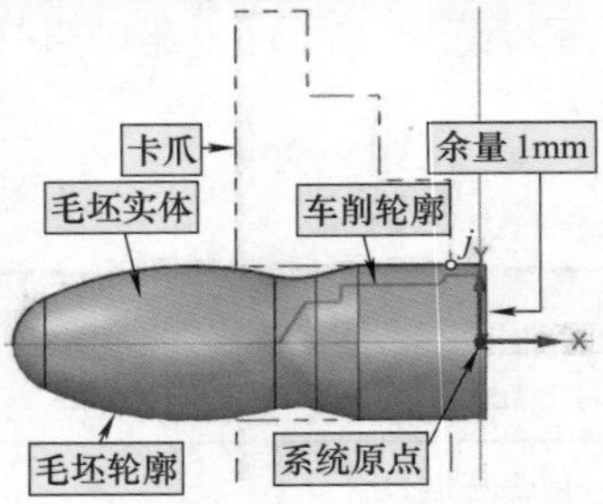 卡爪　余量 1mm 毛坯实体　车削轮廓 毛坯轮廓　系统原点	调头，左端加工，创建编程环境： 1）重新启动 Mastercam 2022，导入文件"练习 4-4.stp"，将零件左端面圆心移至系统原点 2）设置图层 3 为当前层，提取车削轮廓线 3）应用"转换＞位置＞平移"功能复制一个零件实体，并移至图层 5，然后基于无参编辑功能删除终点孔特征，端面拉伸 1mm 加工余量得到毛坯实体图素 4）进入车削模块，基于实体图素创建毛坯，按图示 j 点设置卡爪，建立工件坐标系
8	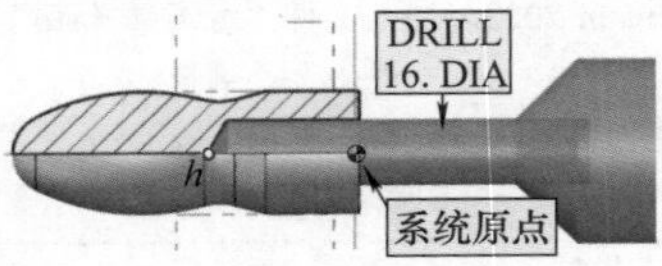 DRILL 16. DIA. h 系统原点	钻孔： 1）加工策略：钻孔 2）刀具参数：创建或编辑一支 φ16mm 钻头，进给量为 0.05mm/r，主轴转速为 300r/min 3）钻孔参数：深度捕抓 h 点，循环选钻头 / 沉头钻
9	 ROUGH FACE RIGHT -80 DEG. 实体仿真　卡爪 车端面	车端面： 1）加工策略：车端面 2）刀具参数：80° 刀尖角 C 型刀片，75° 主偏角偏头端切刀杆，刀尖角 100° 右手端面车刀，进给量为 0.2mm/r，主轴转速为 800r/min 3）车端面参数：勾选"粗车步进量"选项，精车步进量为 0.3mm，精车 1 刀
10	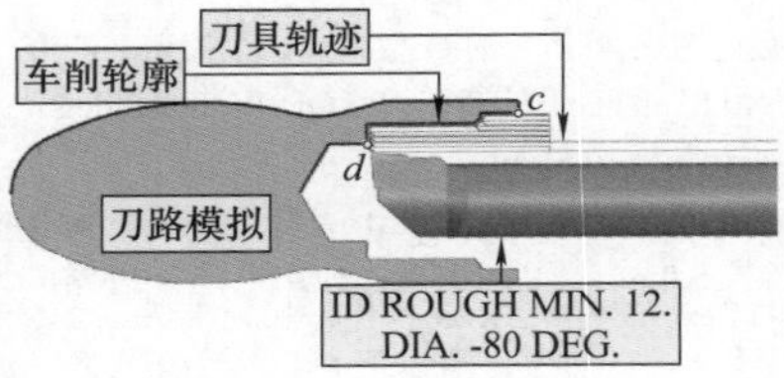 刀具轨迹 车削轮廓　c d 刀路模拟 ID ROUGH MIN. 12. DIA. -80 DEG.	粗、精镗内孔（车内孔）： 1）加工策略：粗车；部分串连（c → d） 2）刀具参数：创建或编辑一把镗刀，刀具参考型号 S12M-SCLCR06，进给量为 0.1mm/r，主轴转速为 800r/min 3）粗车参数：背吃刀量为 1.0mm，X 和 Z 预留量为 0.3mm，电脑补正。切入延长为 1mm，切出延长为 0.5mm，毛坯识别选"使用毛坯外边界" 4）勾选"半精车"按钮并激活，设置精车参数，切削次数 1，背吃刀量为 0.1mm，X 和 Z 预留量为 0，进给量为 0.1mm/r，主轴转速为 1200r/min
11	 刀路模拟 ID THREAD MIN. 16. DIA. 刀路模拟	车内螺纹： 1）加工策略：车螺纹 2）创建或编辑一把内螺纹车刀，刀杆直径为 16mm，主轴转速为 200r/min 3）螺纹外形参数：运用公式计算，导程为 1.5mm，大径为 24mm，起始位置为 -6.0mm，结束位置为 -20.0mm 4）螺纹切削参数：NC 代码格式 G92，相等切削量，切削次数 5，精修次数 1，切入间隙为 4.0mm，退出延伸量为 0

本章小结

本章主要介绍了 Mastercam 2022 软件数控车削编程模块中基于基本编程指令的加工策略，这些加工策略涵盖了数控车削加工的主要加工工艺，包括：端面，外圆与内孔的粗、精车加工，车沟槽与切断加工，车螺纹加工等，基本能满足常见数控车削的加工内容。学好本章内容，可基本掌握 Mastercam 2022 软件的基础车削功能。最后，本章给出了 4 个练习实例，可供读者全面掌握数控车削编程方法与工艺，并检测自己对本章内容的了解程度。

第5章　Mastercam 2022 数控车床固定循环指令编程

5.1　概述

数控车床固定循环加工策略是以输出固定循环加工指令为目标的一种加工策略。不同的数控系统，其车削固定循环指令是有差异的，以 FANUC 0i 车削系统为例，其复合固定循环指令主要包括[8]：G71 与 G72（对应粗车固定循环，■按钮）和 G73（对应固定仿形循环，■按钮）及其配套的 G70（精车固定循环，■按钮），G75 与 G74（对应沟槽循环，■按钮），以及 G76，其是螺纹车削复合固定循环指令，可在图 4-27 的"车螺纹"对话框"螺纹切削参数"选项卡中进行设置并输出。另外，在孔加工策略中，也有循环指令 G83 和 G74 等，参见图 4-33 中的循环选项下拉列表。

学习固定循环车削指令应该注意以下几点：

1）数控系统的固定循环指令本身是为手动编程设计的，其针对性较强，因此，Mastercam 自动编程输出的程序可能与自己使用的数控系统有一定差异，注意其往往必须手动修改。

2）在固定循环车削编程的对话框中，均有一个复选框，勾选后可将其转化为基本编程指令输出的 NC 加工程序，这样做的好处是使程序的通用性更好，但程序变得较长，不适合手动输入程序。若采用 U 盘、存储卡或数据线将数据导入数控系统，这个缺点就不存在了。

3）每一种加工策略，都对应数控系统的某一加工指令，若仅看刀具轨迹，往往体会不出其余某些指令的明显差异，但是后处理生成 NC 程序后，就立刻能体会本章指令的特点。

4）若读者不熟悉固定循环车削指令或没有合适的能够后处理生成所需系统固定循环指令的后处理程序，可考虑不学这一章节，除非按第 2 条转化为基本编程指令处理。

Mastercam 2022 默认进入的车削编程模块是针对 Fanuc 车削系统而言的，因此，若使用 Fanuc 系统的数控车床可考虑学习本章内容。

5.2　粗、精车固定循环加工编程

"粗车"（■按钮）固定循环加工策略对应输出的是 G71 和 G72 指令，主要是针对圆柱体毛坯粗车加工而设计的，前者以轴向切削为主，用于长径较大的轴类零件车削，后者以径向切削为主，用于长径较小的盘类零件车削，其可配套加工策略"精车"（■按钮）固定循环（对应 G70）进行常见孪生的精车加工。

5.2.1 粗、精车固定循环 G71+G70 加工编程

1．粗、精车固定循环 G71+G70 参数设置

图 5-1 所示为对应 G71+G70 的粗、精车固定循环加工编程的应用示例，其是将练习 4-3 右端的粗、精车加工用"粗车"（ 按钮）固定循环和"精车"（ 按钮）固定循环编程替换，前言二维码扫码后有相应结果文档供研习参考。

单击"车削→标准→固有→粗车"固定循环功能按钮，在"部分串连"方式下选择图 5-1 所示的串连曲线 $a \to b$ 后，会弹出"固有粗车车削循环"对话框，默认的"刀具参数"选项卡与前面章节中"粗车"的对话框基本相同，主要为选择刀具、设置主轴转速和背吃刀量，设置参考点等。这里仅讨论其"固有循环粗车参数"选项卡，如图 5-2 所示。

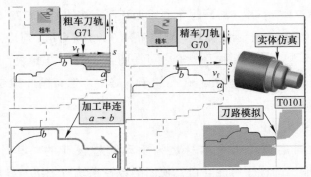

图 5-1　对应 G71+G70 的粗、精车固定循环加工编程的示例

在图 5-2 中，"实际 NC 输出取决于后处理"固定循环指令预览区域的指令参数会随着相关参数的设置而变化，粗车方向默认为外圆的 G71 指令选项，X 和 Z 安全高度必须大于 0 且不宜太大。其余未尽参数与前述基本相同。

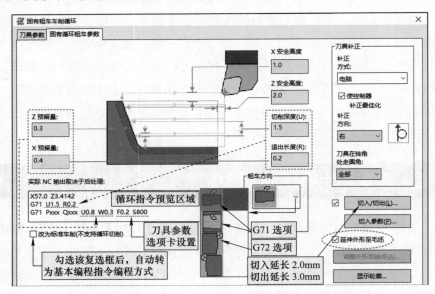

图 5-2　"固有粗车车削循环"对话框→"固有循环粗车参数"选项卡 G71 设置

在创建了"粗车"固定循环操作后，单击"车削→标准→固有→精车"固定循环功能按钮，系统直接弹出"固有精车车削循环"对话框，其同样包含"刀具参数"与"固有循环精车参数"选项卡，"刀具参数"选项卡的设置与前述基本相同，"固有循环精车参数"选项卡的设置也较为简单，如图 5-3 所示。因前面仅有一个粗车循环，故这里默认为选中状态。若前面有两个或两个以上的粗车循环操作，则需要在右上角的列表框中选择。切出距离若选择默认的设置，则固定循环起始点与粗车循环相同，如图 5-1 中的点 s。其余参数按默认选择即可。

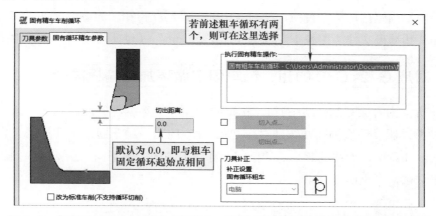

图 5-3　"固有精车车削循环"对话框→"固有循环精车参数"选项卡 G70 设置

2. 粗、精车固定循环 G71+G70 加工编程练习

以图 5-1 所示示例及其上述参数设置分析，将练习 4-3 左、右端的粗、精车加工用"粗车"固定循环和"精车"固定循环编程替换。

▶ 示例 5-1　将练习 4-3 右端的粗、精车加工用"粗车"固定循环和"精车"固定循环编程替换。

步骤 1：从前言中的二维码获得并打开练习文件"练习 4-3 右端加工 .mcam"，然后将其另存为"图 5-1 右端循环加工 .mcam"。

步骤 2：在"刀路"操作管理器中，将操作插入箭头 ▶ 定位至"粗车"操作之上，单击"车削→标准→固有→粗车"固定循环功能按钮，按图 5-1 选择部分加工串连，弹出"固有粗车车削循环"的对话框。

步骤 3：在"固有粗车车削循环"的对话框中设置参数。

刀具参数：按原"粗车"操作的刀具参数设置，包括刀具选择、刀具号与刀补号、主轴转速与背吃刀量及参考点设置。

循环粗车参数：按图 5-2 所示设置。设置完成后，单击确认按钮 ✔ 。

步骤 4：单击"刀路"操作管理器或"机床"功能选项卡"模拟"选项区上的"刀路模拟"按钮 ≋ 和"实体仿真"按钮 🔧，动态观察刀路模拟或实体仿真的效果，若不满意，则可重新返回"循环粗车"的对话框编辑相关参数，并单击"刀路"操作管理器上方的"重建全部已选择（或无效）的操作"（ ▶ 或 ✗）按钮等重新计算刀具轨迹。

步骤 5：确认操作插入箭头 ⊷▶ 定位在新创建的"粗车"循环操作之下，单击"车削→标准→固有→精车"固定循环功能按钮，选择加工串连，按"原精"车操作设置刀具参数，并按图 5-3 所示设置精车固定循环参数，观察刀轨、刀路模拟或实体仿真等，完成"精车"循环操作的创建。

步骤 6：仅选中原"粗车"和"精车"操作，右击鼠标弹出快捷菜单，单击"删除"命令删除原来的"粗车"和"精车"操作，并保存，完成所要求的替换工作。

▶ **示例 5-2** 参照示例 5-1 的步骤，将练习 4-3 左端的粗、精车加工用"粗车"固定循环和"精车"固定循环编程替换，从前言中的二维码获得相应的练习文件"练习 4-3 左端加工 .mcam"和结果文件"图 5-1 左端循环加工 .mcam"（供研习使用）。详细操作略。

5.2.2 对应 G72+G70 的粗、精车固定循环加工编程简介

图 5-4 所示为对应 G72+G70 的粗、精车固定循环加工编程的应用示例。图中给出了加工件尺寸参考，假设毛坯为圆柱体，对应 G72+G70 的粗、精车固定循环加工刀轨，以及加工串连曲线，注意串连曲线的起点、切削走向和终点与图 5-1 不同。从前言中的二维码可获得相应结果文档，可供研习参考。

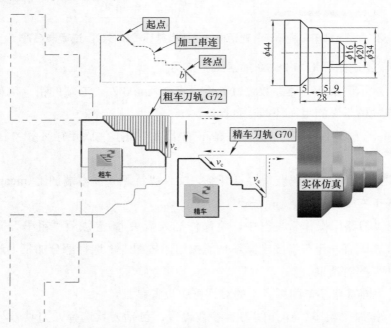

图 5-4 对应 G72+G70 的粗、精车固定循环加工编程示例

与 G71 的粗车固定循环加工操作的创建方法类似。单击"车削→标准→固有→粗车"固定循环功能按钮，在"部分串连"方式下选择如图 5-4 所示的串连曲线 $a \rightarrow b$ 后，会弹出"固有粗车车削循环"对话框。默认的"刀具参数"选项卡与前述的"粗车"固定循环对话框相同，但"固有循环粗车参数"选项卡略有差异，如图 5-5 所示。其与前述粗车 G71 指令的设置差异主要在于"粗车方向"的选择，选择"实际 NC 输出取决于后处理"固定循环

指令预览区域，可见到 G72 指令的格式及其对应的参数。与 G72 配套的 G71 指令对应的"精车"固定循环加工操作的创建略。

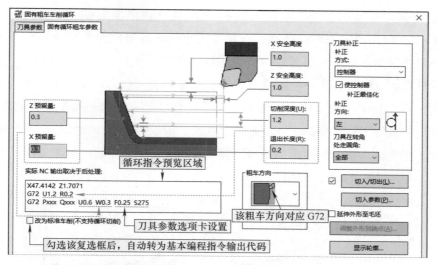

图 5-5 "固有粗车车削循环"对话框→"固有循环粗车参数"选项卡 G72 设置

总结：G71 与 G72 指令对应的功能按钮是相同的，都是通过选择不同的加工串连起点、切削走向和终点，以及设置不同的"粗车方向"选项，实现所需加工固定循环指令程序的输出。创建 G71 与 G72 指令对应的"粗车"固定循环操作后，创建的 G70 指令的操作不需要选择加工串连，系统会自动为其指定精加工固定循环指令操作。

提示

①G71 与 G72 指令对应的"粗车"固定循环加工，适用于圆柱体毛坯加工。②学习时可后处理生成 NC 程序，比较其指令的特点。

5.3 仿形固定循环的加工编程

"仿形"（按钮）固定循环加工指令是对应 G73 指令的加工策略，其同样可配套 G70 实现精车加工。

前述的 G71 和 G72 指令与 G73 指令有两点要求，一是毛坯为圆柱体几何特征，二是某些系统的加工轮廓的几何特征要求单调变化。G73 指令正是针对这样一个不足而配套开发的。

G73 指令的加工毛坯针对铸、锻件类零件毛坯，其刀具轨迹与加工轮廓线等距偏置移动，并且对加工轮廓线无单调变化的要求，本节正是针对这两点内容的表述。

5.3.1 铸、锻件类零件毛坯的仿形固定循环

铸、锻件类零件毛坯是沿零件表面等距偏置加工余量及工艺圆角与拔模斜度获得的

实体结构，显然其刀具轨迹若能沿加工表面等距变化，其加工轨迹将是最优的。此处，以图 2-66 所示零件为对象（毛坯余量为 3mm）。毛坯实体模型创建方法参见图 2-66，其加工工艺为：首先，左端加工，车端面→钻 ϕ16mm 孔→仿形固定循环（G73）粗车外形至 ϕ50mm 处略多→粗车固定循环 G71 内孔→精车固定循环 G70 精车外形→精车固定循环 G70 精车内孔→毛坯模型并导出 STL 模型（作为后续加工的毛坯）；其次，调头，右端车端面、钻中心孔，车端面→钻中心孔→毛坯模型并导出 STL 模型（作为后续加工的毛坯）；然后，右端"一夹一顶"装夹，加工轮廓，仿形固定循环 G73 粗车外形→精车固定循环 G70 精车外形→螺纹退刀槽加工→沟槽加工→车螺纹。图 5-6 所示为右端外轮廓仿形粗车固定循环及其配套的精车固定循环加工编程示例图解，若要看到上述工艺完整的加工过程，可扫描前言中的二维码，下载相应的加工文档仔细研习。

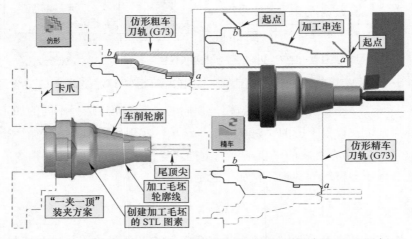

图 5-6　仿形粗车固定循环－精车固定循环加工示例（G73+G70）

注意，"仿形"固定循环的串连曲线允许凹陷轮廓的车削加工，为此，在原轮廓线的基础上，另外构建一条不包含两个沟槽的串连曲线，如图 5-6 中右上角串连曲线所示，使得生成的刀具轨迹在两个退刀槽处忽略凹陷而平直过渡，参见图 5-6 中的刀具轨迹。

单击"车削→标准→固有→仿形"固定循环功能按钮，弹出"线框串连"对话框，在"部分串连"方式下选择如图 5-6 所示的串连曲线后，会弹出"仿形循环"对话框，其默认的"刀具参数"选项卡与前述的各种加工策略的刀具参数选项卡基本相同，故这里仅讨论其"仿形参数"选项卡，如图 5-7 所示。图中提供了标准 G73 指令格式，并指出对应参数设置，读者可通过输出 NC 代码对比学习。

与前述粗车固定循环操作类似，在创建"仿形"固定循环车削操作之后，也可以配套"精车"固定循环策略，其操作和设置与前述类似，参见图 5-3。

💡 **提示**

G73 指令对应的仿形固定循环加工适用于模锻件类毛坯加工。

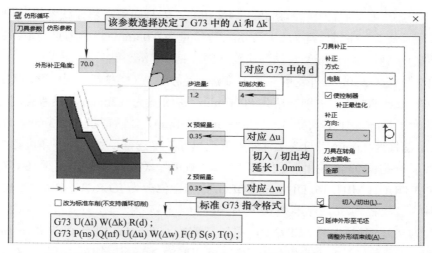

图 5-7　"仿形循环"对话框→"仿形参数"选项卡（G73）设置

▶ **示例 5-3**　已知图 2-66 所示的工程图，假设工件材料为 45 钢，锻件毛坯，加工余量约 3mm，锻件毛坯实体模型建模参照图 2-67，加工工艺为：第 1 步，三爪装夹，左端加工，车端面→钻 ϕ16mm 孔→仿形固定循环 G73 粗车外形至 ϕ50mm 略多→粗车固定循环 G71 粗车内孔→精车固定循环 G70 精车外形→精车固定循环 G70 精车内孔→毛坯模型并导出 STL模型（作为后续加工的毛坯）；第 2 步，调头，右端车端面、钻中心孔，三爪装夹，车端面→钻中心孔→毛坯模型并导出 STL 模型（作为后续加工的毛坯）；第 3 步，"一夹一顶"装夹，右端轮廓加工，仿形固定循环 G73 粗车外形→精车固定循环 G70 精车外形→螺纹退刀槽加工→沟槽加工→车螺纹。试按以下提示完成该零件的数控车削编程过程。

前期准备：准备零件模型与锻件毛坯模型。按图 2-66 完成零件实体建模工作，并导出为 STP 格式文档。按图 2-67 的方法创建端面毛坯并导出为 STP 格式文档。也可跳过这一步，直接扫描前言中的二维码获取练习文件与结果文件。

步骤 1：三爪装夹，左端加工。

（1）零件与毛坯模型的准备　导入零件模型，以零件几何中心点🞡为基准，以 Y 轴镜像转换，将零件左端面圆心移至系统坐标系原点；同理，导入端面毛坯模型，以零件几何中心点🞡为基准，以 Y 轴镜向转换毛坯模型。提取零件模型的车削轮廓曲线。注意，零件模型、毛坯模型与车削轮廓线设置在不同图层上，便于操作。

（2）毛坯与装夹的设置　单击"机床→机床类型→车床→默认"命令进入车床编程模块；单击"刀路"操作管理器中"机床群组→属性→毛坯设置"图标🔲**毛坯设置**，弹出"机床群组属性"对话框，在"毛坯设置"选项卡中，基于毛坯模型创建加工毛坯，并以 ϕ40mm 圆柱面为定位夹紧面设置卡爪，卡爪定位点约为（D46，Z-28）。

（3）车端面　加工策略：车端面（🞂 按钮）；刀具参数：刀具选刀尖角 80°、主偏角 95° 的右手外圆车刀（OD ROUGH RIGHT-80 DEG.），刀具编号为 T0101，主轴转速为 800r/min，进给量为 0.2mm/r，参考点为（D140，Z80）（下同）；车端面参数：勾选"粗车步进量"复选框，设置值为 1.5，精车步进量为 0.35mm，其余按默认值。

（4）钻孔至尺寸　加工策略：钻孔（█▀按钮）；刀具参数：新建或编辑一根 ϕ16mm 的钻头，刀具号不修改，主轴转速为 200r/min，进给量为 0.05mm/r，参考点同上；钻孔参数：深度捕抓锥定点（约 −27.5mm），循环用默认的"钻头 / 沉头钻"。

（5）粗车外圆至 ϕ50mm 外轮廓　加工策略："仿形"（▓按钮）固定循环 G73；刀具参数：刀具同车端面 T0101，主轴转速为 800r/min，进给量为 0.2mm/r，参考点同上；仿形参数：步进量为 1.2mm，切削次数 3，X 预留量为 0.4mm，Z 预留量为 0.3mm，切入延伸为 2.0mm，切出延长为 2.0mm，勾选"延伸外形至尺寸"复选框，外形补正角度约 75°。

（6）粗车内孔 ϕ20mm 轮廓　加工策略："粗车"（█按钮）固定循环 G71；刀具参数：基于 ID ROUGH MIN. 16. DIA. - 80 DEG. 镗刀，修改为 ID ROUGH MIN. 12. DIA. - 80 DEG.，刀片内圆直径为 06，厚度为 02，刀尖圆角半径 R 为 0.4，刀杆直径 A 改为 12.0，刀尖偏置 C 改为 7.5，刀具编号为 T0202，主轴转速为 600r/min，进给量为 0.1mm/r，参考点同上；固定循环参数：X 安全高度为 0，Z 安全高度为 2.0mm，切削深度为 1.0mm，Z 预留量为 0.3mm，X 预留量为 0.4mm，切入延伸为 1.0mm，勾选"延伸外形至尺寸"复选框。

（7）精车外圆至 ϕ50 外轮廓　加工策略："精车"（█按钮）固定循环 G70；刀具参数：刀具同外圆粗车，主轴转速为 1000r/min，进给量为 0.1mm/r，参考点同上；固定循环参数：确认或选择第（5）步的仿形循环。

（8）精车内孔至尺寸　加工策略："精车"（█按钮）固定循环 G70；刀具参数：刀具同内孔粗车，主轴转速为 800r/min，进给量为 0.1mm/r，参考点同上；固定循环参数：确认或选择第（6）步的粗车固定循环。

（9）创建并提取左端加工模型　基于"车削→毛坯→毛坯模型"创建毛坯模型操作，然后基于"车削→毛坯→毛坯模型→导出为 STL"功能导出左端加工结果的 STL 格式模型。

步骤 2：调头，三爪装夹，右端车端面、钻中心孔。

（1）零件与毛坯模型的准备　导入零件实体模型，将右端面圆心移至系统坐标系原点；导入步骤 1 结果的 STL 格式模型用于创建加工毛坯，提取车削轮廓曲线。

（2）毛坯与装夹的设置　进入车削模块，基于步骤 1 结果的模型创建毛坯、卡爪，定位点为 ϕ40mm 外圆与 ϕ50mm 端面交点。

（3）车端面　刀具与参数设置同步骤 1 的车端面。

（4）钻中心孔　加工策略：钻孔（█▀按钮）；刀具参数：ϕ6mm 中心钻（CENTER DRILL - 6. DIA.），刀具号不修改，主轴转速为 600r/min，进给量为 0.05mm/r，参考点同上；钻孔参数：深度为 −5.5mm，循环用默认的"钻头 / 沉头钻"。

（5）创建并提取右端车端面、钻中心孔模型　创建方法同步骤 1 的第（9）步。

步骤 3："一夹一顶"装夹，继续右端外圆轮廓的加工。

（1）零件与毛坯模型的准备　导入零件实体模型，将右端面圆心移至系统坐标系原点；导入步骤 2 结果的 STL 格式模型用于创建加工毛坯，提取车削轮廓曲线，换一个图层再次提取车削轮廓曲线，并修改为无退刀槽轮廓曲线。

（2）毛坯与装夹的设置　进入车削模块，基于步骤 2 结果的模型创建毛坯、卡爪，同步骤 2，卡爪定位点约为（D40，Z−80），进行圆柱与端面定位。创建尾顶尖，中心直径为

8.0mm，轴线位置为 -4.0。

（3）粗车外圆轮廓　加工策略："仿形"（⬛按钮）固定循环 G73，选择无退刀槽的串连曲线；刀具参数：刀具同车端面 T0101，主轴转速为 800r/min，进给量为 0.2mm/r，参考点同上；仿形参数：参照图 5-7 设置。

（4）精车外圆轮廓　加工策略："精车"（⬛按钮）固定循环 G70；刀具参数：刀具同外圆粗车，主轴转速为 1000r/min，进给量为 0.1mm/r，参考点同上；固定循环参数：确认或选择第（3）步的仿形循环。

（5）车 5mm 宽的螺纹退刀槽　加工策略：沟槽（⬛按钮），切换出有沟槽的车削轮廓曲线，串连定义沟槽；刀具参数：创建或修改一把宽度为 W3.0 的外沟槽右手切槽刀（OD GROOVE RIGHT-MEDIUM），刀具编号修改为 T0202，参考点同上，其余参数自定。

（6）车 3mm 宽的沟槽　加工策略：沟槽（⬛按钮），切换出有沟槽的车削轮廓曲线，1 点定义沟槽；刀具参数：刀具与上一步共用一把切槽车刀，参考点同上；切断参数：X 相切位置设置为 14.3。其余参数自定。

> ⚠ **注意**
>
> 　　X 相切位置选项用于控制切断刀径向深度，这里的相切位置不包含刀尖圆角的位置，而捕抓的位置为 14.0，刀路模拟可见其略深，故减去刀尖圆角的 0.3mm 正好径向切削至深度。

（7）车 M16 螺纹　加工策略：车螺纹（⬛按钮），刀具参数：选用中等规格的右手外螺纹车刀（OD THREAD RIGHT-MEDIUM），刀具编号修改为 T0303，主轴转速为 200r/min，参考点同上；螺纹参数由表单计算，起始 / 结束位置在车削轮廓曲线上捕抓，切入间隙为 4.0mm，切出延伸量为 2.0mm，NC 代码格式选"螺纹复合循环 G76"。

5.3.2　圆柱体毛坯的仿形循环

在手动编程中，G73 指令虽然是针对铸、锻件毛坯设计的加工策略，但其同样可对圆柱体毛坯进行加工，特别是加工串连为非单调变化零件，G71/G72 指令应用受限时，常常采用 G73 指令。以图 5-8 所示零件为例，其右端的加工轮廓为凸凹非单调变化，在 FANUC 0i-TC 之前的数控系统，G71 指令是不能应用的，但 G73 指令却不受非单调变化轮廓曲线的限制，仿形粗车指令不受其影响。

现假设图 5-8 所示零件的材料为 45 钢，圆钢毛坯尺寸为 ϕ45mm×108mm，先加工左端，然后"一夹一顶"装夹加工右端外圆轮廓，具体为：第 1 步，三爪装夹，左端加工，车端面→粗车固定循环 G71 粗车→精车固定循环 G70 精车；第 2 步，调头，三爪装夹，加工右端，车端面→钻中心孔→毛坯模型（提取毛坯，作为下一道工序的加工毛坯）；第 3 步，"一夹一顶"装夹，加工右端外圆轮廓，粗车固定循环 G71 车螺纹外径至尺寸→仿形固定循环 G73 粗车凹凸外轮廓→精车固定循环 G70 精车凹凸外轮廓→车退刀槽加工→车螺纹。图 5-9 所示为第 3 步的第 2、3 工步的加工示例图解。

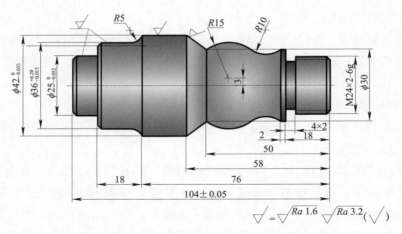

图 5-8　样例 4

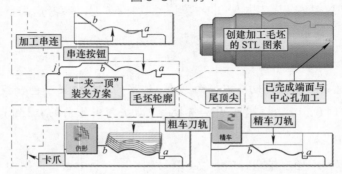

图 5-9　圆柱体毛坯"仿形循环"加工示例图解

在图 5-9 中，加工毛坯是依据第 2 步车端面、钻中心孔后的结果模型导出的 STL 格式模型，在第 3 步基于 STL 图素创建的。圆柱体毛坯的切削次数明显多于类零件毛坯，且前几刀存在较多的空刀，这是圆柱体毛坯 G73 仿形循环指令加工的不足之处，但对于单件小批量加工，还是有一定应用价值的。关于仿形粗车切削次数的确定，一般可根据粗定的步进量（即背吃刀量），以毛坯边界为参照，确保第一刀的最大背吃刀量小于或等于预定背吃刀量，试凑确定。

▶ 示例 5-4　已知图 5-8 所示的工程图，假设工件材料为 45 钢，圆钢毛坯尺寸为 ϕ45mm×108mm，加工工艺为：第 1 步，三爪装夹，左端加工，车端面→粗车固定循环 G71 粗车→精车固定循环 G70 精车；第 2 步，调头，三爪装夹，加工右端，车端面→钻中心孔→毛坯模型（提取毛坯，作为下一道工序的加工毛坯）；第 3 步，"一夹一顶"装夹，加工右端外圆轮廓，粗车固定循环 G71 车螺纹外径至尺寸→仿形固定循环 G73 粗车凹凸外轮廓→精车固定循环 G70 精车凹凸外轮廓→车退刀槽加工→车螺纹。试按以下提示完成该零件的数控车削编程过程。

前期准备：零件模型的准备。按图 5-8 完成零件实体建模工作，并导出为 STP 格式文档。也可跳过这一步，直接扫描前言中的二维码获得练习文件和结果文件。

步骤 1：左端加工。

（1）模型导入，提取车削轮廓、毛坯与装夹设置等　导入零件模型，以 Y 轴镜像零件，将零件左端面圆心移至系统坐标系原点，提取车削轮廓线；进入车削模块，创建圆柱体毛坯，外径为 45.0mm，长度为 108.0mm，轴向位置为 2.0；以 "参数式" 设置卡爪，卡爪位置直径为 45.0mm，Z 值为 −60.0。

（2）车端面　加工策略：车端面（▮按钮）；刀具参数：刀具选刀尖角 80°、主偏角 95° 的外圆车道（OD ROUGH RIGHT-80 DEG.），刀具编号为 T0101，主轴转速为 800r/min，进给量为 0.2mm/r，参考点为（D140，Z80）（下同）；车端面参数：勾选 "粗车步进量" 复选框，精车步进量为 0.4mm，其余按默认值。

（3）粗车外圆至 ϕ42mm 外轮廓　加工策略："粗车"（▨按钮）固定循环 G71；刀具参数：刀具同车端面 T0101，主轴转速为 800r/min，进给量为 0.2mm/r，参考点同上；固定循环参数：切削深度为 1.5mm，退出深度为 0.2mm，Z 预留量为 0.3mm，X 预留量为 0.4mm，X 安全高度为 1.0mm，Z 安全高度为 2.0mm，切入延伸为 2.0mm，切出延长为 2.0mm，勾选 "延伸外形至尺寸" 复选框。

（4）精车外圆至 ϕ42mm 外轮廓　加工策略："精车"（▨按钮）固定循环 G70；刀具参数：刀具同外圆粗车，主轴转速为 1000r/min，进给量为 0.1mm/r，参考点同上；固定循环参数：确认或选择第（3）步的仿形循环。

步骤 2：调头，三爪装夹，右端车端面、钻中心孔。

（1）模型导入，提取车削轮廓、旋转法创建毛坯与装夹设置等　导入零件实体模型，将右端面圆心移至系统坐标系原点；提取车削轮廓曲线，换一个图层，再次提取轮廓线，按第 1 步的加工结果修改这一步的毛坯旋转框线，并用旋转法创建加工毛坯；以 "参数式" 设置卡爪，卡爪位置直径为 42.0mm，Z 值为 −56.0。

（2）车端面　加工策略：车端面（▮按钮）；刀具参数：刀具选刀尖角 80°、主偏角 95° 的外圆车道（OD ROUGH RIGHT-80 DEG.），刀具编号为 T0101，主轴转速为 800r/min，进给量为 0.2mm/r，参考点同上；车端面参数：勾选 "粗车步进量" 复选框，精车步进量为 0.4mm，其余按默认值。

（3）钻中心孔　加工策略：钻孔（▬按钮）；刀具参数：ϕ6mm 中心钻（CENTER DRILL-6. DIA.），刀具号不修改，主轴转速为 600r/min，进给量为 0.05mm/r，参考点同上；钻孔参数：深度为 −5.5mm，循环用默认的 "钻头 / 沉头钻"。

（4）创建并提取右端车端面、钻中心孔模型　创建方法参见示例 5-3。

步骤 3："一夹一顶" 装夹，继续右端外圆轮廓的加工。

（1）零件与毛坯模型的准备　导入零件实体模型，将右端面圆心移至系统坐标系原点；导入第 2 步结果的 STL 格式模型用于创建加工毛坯，提取车削轮廓曲线。

（2）车削 M24 螺纹外圆至尺寸　加工策略："粗车"（▨按钮）固定循环 G71；刀具参数：刀具选择刀尖角 55°、主偏角 93° 的右手外圆车刀（OD Right 55 deg），刀具编号为 T0101，主轴转速为 800r/min，进给量为 0.2mm/r，参考点同上；固定循环参数：切削深度为 1.5mm，退出深度为 0.2mm，Z 预留量为 0，X 预留量为 0，X 安全高度为 1.0mm，Z 安全高度为 2.0mm，切入延长为 1.0mm，切出延长为 1.0mm，切入参数选择不允许凹陷，勾选 "延伸外形至尺寸" 复选框。

（3）粗车右端圆弧与圆锥面　加工策略："仿形"（▨按钮）固定循环 G73；刀具参

数：刀具与第（2）步共用，主轴转速为 800r/min，进给量为 0.2mm/r，参考点同上；仿形参数：步进量为 1.5mm，切削次数 6，X 预留量为 0.4mm，Z 预留量为 0.2mm，切入延伸为 1.0mm，切出延长为 2.0mm，勾选"延伸外形至尺寸"复选框，外形补正角度约 81°。

（4）精车右端圆弧与圆锥面　加工策略："精车"（按钮）固定循环 G70；刀具参数：刀具与第（2）步共用，主轴转速为 1000r/min，进给量为 0.1mm/r，参考点同上；固定循环参数：确认或选择第（3）步的仿形循环。

（5）车退刀槽　加工策略：沟槽（按钮）；刀具参数：选择与槽宽相等的右手外圆切槽车刀（OD GROOVE RIGHT-MEDIUM），刀具编号为 T0202，主轴转速为 1000r/min，进给量为 0.1mm/r，参考点同上；沟槽粗车参数：Z 预留量为 0，X 预留量为 0，取消勾选精车参数选项卡上"精修"复选框。

（6）车 M24×2 螺纹　加工策略：车螺纹（按钮），刀具参数：选用中等规格的右手外螺纹车刀（OD THREAD RIGHT-MEDIUM），刀具编号修改为 T0303，主轴转速为 200r/min，参考点同上；螺纹参数由表单计算，起始/结束位置在车削轮廓曲线上捕抓，切入间隙为 4.0mm，切出延伸量为 2.0mm，NC 代码格式选"螺纹复合循环 G76"。

5.4　沟槽固定循环加工

"沟槽"（按钮）固定循环加工是对应 G74/G75 指令的加工策略，分别对应轴向（即端面）和径向沟槽加工，加工的侧壁与轴线只能是平行/垂直的沟槽，因此，沟槽固定循环指令定义沟槽的方法只有三种，即 1 点、2 点和 3 直线。

G74 与 G75 指令加工的原理类似，仅切削进给的进刀方向不同，G74 是轴向进刀，用于加工端面沟槽，而 G75 是径向进刀，用于加工圆柱面上的径向沟槽。其中，G75 对刀具要求不高，且实际中径向沟槽的零件较多，因此应用较多。这里主要讨论 G75 对应的沟槽固定循环加工。

在 Mastercam 2022 中，G74/G75 指令的功能得到进一步的加强，如增加了精修功能，对于宽度大于刀具宽度的沟槽，就可利用基本编程指令进一步精修沟槽侧壁和槽底。

虽然 G74/G75 指令开发的原意是用于手动编程，但应用 Mastercam 进行自动编程更加方便快捷，且对于初学者，研习其输出的 NC 程序结构有利于快速学习。

5.4.1　径向沟槽固定循环（对应 G75 指令）加工

1. 径向沟槽固定循环（对应 G75 指令）加工示例

G75 指令的典型应用有三种：等距的多个窄沟槽（槽宽等于刀具宽度）、单一宽沟槽（槽宽大于刀具宽度）和啄式切断（槽宽等于刀具宽度，深度延伸至轴线）。对应的"沟槽"固定循环功能加工不仅可实现以上三种典型的沟槽加工，还能精修槽宽和槽底。

图 5-10 所示为径向"沟槽"固定循环加工示例，包括典型几何模型、加工刀路与实体仿真。从前言中的二维码可获得相应的练习文档与结果文档，可供研习参考。

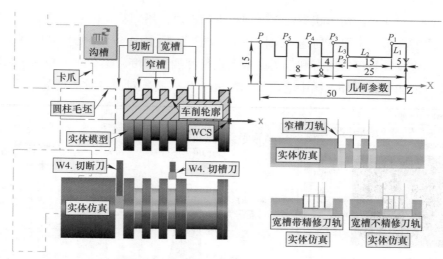

图 5-10　径向"沟槽"固定循环加工示例

2. 径向沟槽固定循环（对应 G75 指令）加工编程

下面以图 5-10 所示的径向沟槽加工示例为例讨论。

（1）加工前准备　首先按图 5-10 中右上角的几何参数准备好加工模型，注意模型右端面中心应与世界坐标系重合。然后，进入车削编程环境，按图 5-10 所示定义圆柱毛坯与卡爪等。

（2）沟槽固定循环加工操作的创建　单击"车削→标准→固有→沟槽"固定循环功能按钮，弹出"沟槽选项"对话框，该对话框与图 4-15 所示的"沟槽"车削加工定义沟槽方法的对话框基本相同，但仅"1 点、2 点和 3 直线"方法有效，这三种方法定义沟槽的操作同前述"沟槽"车加工（见图 4-15）。定义完沟槽形状后，会弹出"固有沟槽车削循环"对话框。

（3）"固有沟槽车削循环"对话框设置　如下所述：

1）"刀具参数"选项卡设置。弹出"固有沟槽车削循环"对话框时，默认为"刀具参数"选项卡，其与图 5-11 所示"固有沟槽粗车循环"对话框的"刀具参数"选项卡相同。图 5-10 示例中的切槽刀与切断刀宽度均为 4.0，其余参数自定。

2）"沟槽形状参数"选项卡设置。"1 点"方式定义沟槽与"2 点和 3 直线"方式定义沟槽相比略有差异，"1 点"方式定义沟槽时的"沟槽形状参数"选项卡如图 5-11 所示。图中，若选择 P_1 点定位沟槽，则宽度设置为 15.0，高度设置为 5.0 确定的是宽槽的形状。若连续选择 P_3、P_4、P_5 点定位沟槽，勾选"使用刀具宽度"复选框，高度设置为 5.0，则确定的形状是三个窄槽。若选择 P 点定位沟槽，勾选"使用刀具宽度"复选框，高度设置为 14.6 ～ 15.0，则确定是切断的沟槽。

用"2 点和 3 直线"方式定义沟槽时，刀具高度与宽度等均不可选，实际上该选卡基本不用选，仅内孔进行沟槽车削时需要设置"沟槽角度"选项。在图 5-10 中，顺序选择 P_1 和 P_2 点或以"部分串连"方式选择 L_1 至 L_3 串连方向，均直接确定了宽槽的形状。

3）"沟槽粗车参数"选项卡设置，如图 5-12 所示。选项较多，但看图设置即可。对于窄槽车削，一般在"沟槽形状参数"选项卡中勾选"使用刀具宽度"复选框，然后此处设置 X 和 Z 预留量为 0，再取消勾选"沟槽精车参数"选项卡中的"精修"复选框，即不精修沟槽即可。槽底设置暂停时间有利于提高槽底直径的加工精度。啄车加工有利于断屑。较深的沟槽建议分层切削。另外，图中给出了 G75 指令格式及其对应参数的设置。

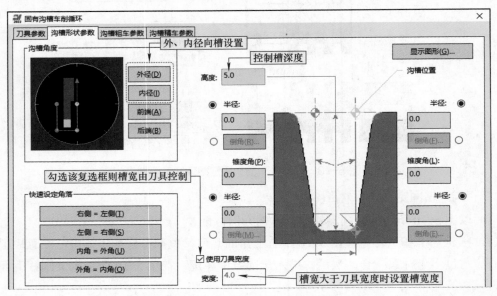

图 5-11 "固有沟槽车削循环"对话框→"沟槽形状参数"选项卡（1 点方式）

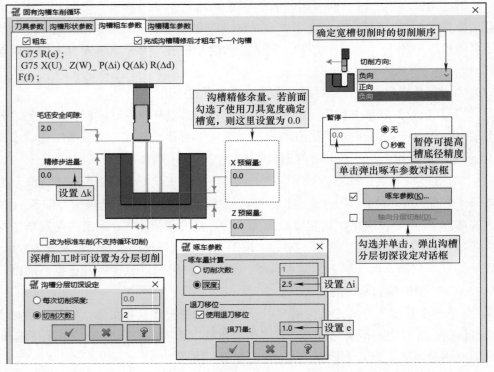

图 5-12 "固有沟槽车削循环"对话框→"沟槽粗车参数"选项卡

4）"沟槽精车参数"选项卡设置，如图 5-13 所示。该选项卡与 G75 指令无关，是利用基本编程指令对"沟槽粗车参数"选项卡中设置的余量进行精车加工，若"沟槽粗车参数"选项卡中设置的余量为 0，则取消勾选本选项卡左上角"精修"复选框。

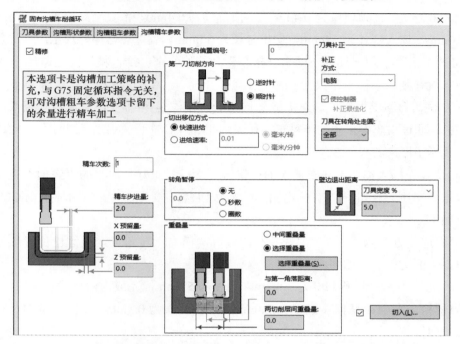

图 5-13 "固有沟槽车削循环"对话框→"沟槽精车参数"选项卡

3．径向沟槽固定循环（对应 G75 指令）加工编程设置练习

以图 5-10 所示的径向"沟槽"固定循环加工为例，练习沟槽固定循环加工，并与从前言二维码扫码后获得的相应结果文档进行比较学习。练习时，最好进行后处理，以观察加工程序的差异（从前言二维码扫码后可获得模型文件和结果文件"图 5-10_ 模型 .stp 和图 5-10_ 加工 .mcam"，供研习参考）。

▶ 示例 5-5　调用练习 4-1 的结果文件"练习 4-1 左 - 加工 .mcam"，按以下提示将部分基本编程指令的工步操作更换为固定循环编程指令，并另存为"示例 5-5 左 - 加工 .mcam"文件，再与随书提供的结果文件比较，检验自身对固定循环编程指令的掌握程度。

修改提示：练习 4-1 的工艺过程：首先加工左端，钻 ϕ18mm（深约 36mm）孔→车端面→粗、精车外圆至尺寸→车三个外圆槽→车螺纹底孔，车 ϕ20mm 内孔→车内螺纹退刀槽→车内螺纹；然后调头，加工右端，粗车外圆→精车外圆至尺寸。要求将其中有底纹的工步更换为固定循环指令编程。

左端修改练习：

1）打开"练习 4-1 左 - 加工 .mcam"文件并将其另存为"示例 5-5 左 - 加工 .mcam"，切换至"刀路"操作管理器。

2）修改。将操作插入箭头▶移动至"操作 3- 粗车"之上，单击"车削→标准→固有→

粗车"固定循环功能按钮■，插入粗车固定循环指令 G71 操作，操作要点如下：

① 加工串连、刀具及刀具参数和参考点等设置同原粗车操作。

② 参考原粗车参数选项卡的相关参数，设置固定循环粗车参数：切削深度为 1.5mm，退出深度为 0.2mm，Z 预留量为 0.4mm，X 预留量为 0.4mm，X 安全高度为 1.0mm，Z 安全高度为 2.0mm，切入延长为 1.0mm，切出延长为 3.0mm，勾选"延伸外形至尺寸"复选框。

③ 接着单击"车削→标准→固有→精车"功能按钮■，插入精车固定循环指令 G70 操作，切削参数参照原半精车参数。

观察刀轨、刀路模拟等，满意后删除原来的"操作 3- 粗车"，完成粗车替换。注意，练习 4-1 中是通过粗车操作中的半精车操作完成粗、精车加工，因此，这里用两个操作（G71 和 G70）替换了原来的操作 3。

3）确认操作插入箭头▶在新插入的精车循环之后（正好是原来的"沟槽"粗车操作之前），单击"车削→标准→固有→沟槽"功能按钮■，插入沟槽固定循环指令 G75 操作，操作要点如下：

① 沟槽定义方式为"1 点"，选择车削轮廓沟槽右上转角点定义沟槽位置。刀具及刀具参数与原来的沟槽加工相同。

② 沟槽形状参数：设置高度为 3.0mm，宽度为 5.0mm，完成沟槽形状定义。

③ 沟槽粗车参数：精修步进量为 2.0mm，X 预留量为 0.3mm，Z 预留量为 0.3mm，切削方向选负向。

④ 沟槽精车参数：勾选"刀具反向偏置编号"并设置为 12，其余默认即可。

观察刀轨、刀路模拟等，满意后删除原来的"沟槽"粗车，完成沟槽加工替换。

左端修改说明：左端由于有一个半球车削，为此，原来的精车操作不便，通过刀尖圆弧半径补偿可以更好地保证加工精度，因此仅须将原来的"粗车"加工策略替换为"粗车"固定循环加工策略即可，具体操作略。

> **💡 提示**
>
> 此示例重点关注沟槽固定循环粗车操作，通过后处理生成 NC 程序，注意其 G75 指令与配套的沟槽精车刀路。同时，观察精车时切槽的右、左侧的刀具补偿存储器编号，实际中通过合适的刀补值可控制槽宽度尺寸的加工精度。

5.4.2 端面沟槽固定循环（对应 G74 指令）加工

G74 指令与 G75 指令加工原理基本相同，仅加工沟槽的位置与方向不同。G74 指令是加工端面沟槽的，其典型应用有：窄槽、宽槽与中心深孔啄式钻削。端面"沟槽"加工同样进一步拓展了侧壁与槽底的精修功能。图 5-14 所示为端面"沟槽"固定循环加工示例。端面沟槽编程存在几点问题，一是沟槽实体仿真可能出现红色的干涉现象，其原因是端面沟槽加工的切槽刀是一个与切槽直径范围有关的特殊的圆弧车刀[3]，见图 5-14 左下角示例，而现有的 Mastercam 刀具库中的切槽刀为无圆弧结构车端面车刀，因此，实体仿真时出现了干涉现象，只要加工时刀具选择正确，输出程序对加工是没有影响的。二是中心的啄式钻孔刀路，由于"沟槽"加工策略不支持钻头刀具，因此，只能选择切槽刀，虽然刀轨计算与实体仿真时存在一些问题，但从后处理输出的 NC 代码来看，其还是可以进行加工的。（注意：图 5-14 中的实体仿真图是用较长刀头的车刀处理的）

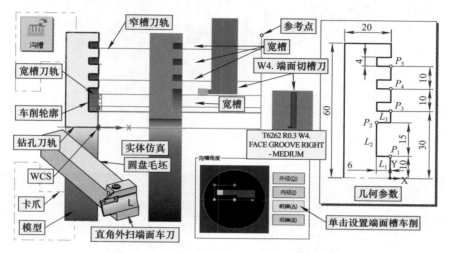

图 5-14　端面"沟槽"固定循环加工示例

端面"沟槽"固定循环（对应 G74 指令）加工的设置方法与径向"沟槽"固定循环加工基本相同，注意以下几个不同点即可：

1）在"刀具参数"选项卡中，要选择端面沟槽车刀（FACE GROOVE），参见图 5-14。

2）在"沟槽形状参数"选项卡中，在"沟槽角度"区域单击"前端"按钮，将沟槽角度改为图 5-14 所示的端面车槽加工。

后续"沟槽粗车参数"和"沟槽精车参数"选项卡的径向车削设置，读者可基于图 5-14 示例尝试练习。

5.5　固定循环指令实例练习

✍ 练习 5-1　已知工程图为如图 5-15 所示的 STP 格式文档（前言中的二维码提供了练习文件和结果文件）。材料为 45 钢，毛坯尺寸为 ϕ60mm×149mm，加工方案：先加工右端，然后调头加工左端。加工编程练习步骤见表 5-1。

1）建议依据图 5-15 所示工程图，练习其 3D 建模，并将其导出为"练习 5-1.stp"文档。亦可跳过这一步，直接从前言中的二维码获取"练习 5-1.stp"文档。

2）表 5-1 给出了数控加工编程过程图解，读者可逐步练习。同时，还可直接调用加工结果文件进行研习。

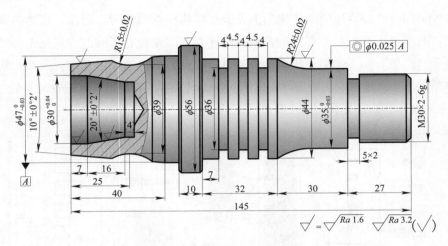

图 5-15 样例 9——工程图

表 5-1 练习 5-1 加工编程练习步骤

步骤	图　例	说　明
1	练习 5-1.stp	依据工程图，创建 3D 模型
2	实体模型　车削轮廓　坐标系设置　系统原点 名称　G WCS C T 补 ✓ 俯视图　G WCS ✓ +D+Z　　　C T	首先加工右端，创建编程环境： 1）启动 Mastercam 2022，导入文件"练习 5-1.stp"，左端面圆中心移至系统原点 2）设置图层 3 为当前层，提取车削轮廓线 3）单击"机床→机床类型→车床→默认"指令，进入车床模块，在"平面"管理器中设置 +D+Z 平面作为工件坐标系
3	j　卡爪　圆柱毛坯 实体模型	设置毛坯、卡爪等： 1）定义圆柱毛坯，尺寸为 ϕ60mm×149mm，端面余量为 2mm 2）设置卡爪，默认参数图形，外径夹紧（长圆柱定位），卡爪定位点 j（D60，Z-110）
4	车端面　刀路模拟	车端面： 1）加工策略：车端面 2）刀具参数：80°刀尖角右手粗车车刀，刀具编号为 T0101，进给量为 0.2mm/r，主轴转速为 1000r/min 3）车端面参数：勾选"粗车步进量"选项，精车步进量为 0.4mm，精车 1 刀 4）参考点为（D140，Z100）（下同）
5	b　循环粗车刀轨 实体模型　a b　循环粗车外圆 实体仿真　a	粗车外圆： 1）加工策略：粗车，固定循环，部分串连（a → b） 2）刀具参数：与车端面车刀共用，进给量为 0.2mm/r，主轴转速为 1000r/min 3）循环参数：X 安全高度为 1.0mm，Z 安全高度为 2.0mm，切削深度为 2.0mm，Z 预留量为 0.3mm，X 预留量为 0.4mm。切入延长为 1mm，切出延长为 2.0mm，勾选"延伸外形至毛坯"选项

（续）

步骤	图　例	说　明
6	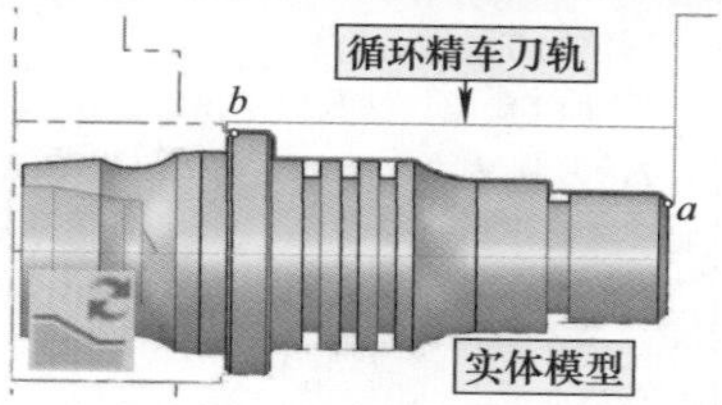 **循环精车刀轨** / **实体模型**	精车外圆： 1）加工策略：精车，固定循环；部分串连（$a \rightarrow b$） 2）刀具参数：与粗车共用车刀，进给量为 0.1mm/r，主轴转速为 1200r/min 3）循环参数：默认的上一步外圆粗车循环
7	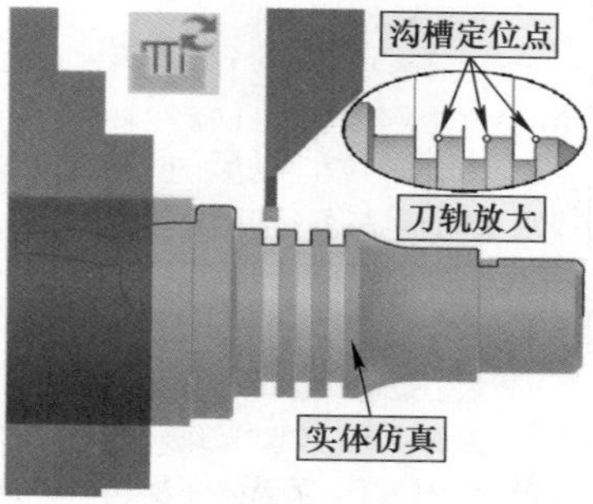 **沟槽定位点** / **刀轨放大** / **实体仿真**	车三个等形等距的沟槽： 1）加工策略：沟槽，固定循环；"1 点"定义沟槽，定位点为槽右上角 2）刀具参数：宽度为 W4. 的右手外圆切槽刀，刀具编号为 T0202，进给量为 0.1mm/r，主轴转速为 800r/min 3）沟槽形状参数：高度为 4.0mm，勾选"使用刀具宽度"复选框 4）粗车循环参数：精修步进量为 0，X 预留量为 0，Z 预留量为 0，啄车深度为 3.0mm 5）精车循环参数：取消勾选"精车"复选框
8	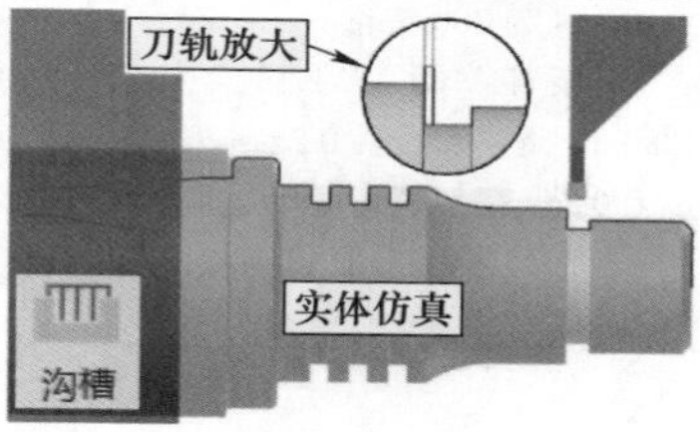 **刀轨放大** / **实体仿真** / **沟槽**	车螺纹退刀槽： 1）加工策略：沟槽，固定循环；"串连"定义沟槽 2）刀具参数：与上述切槽共用刀具，进给量为 0.1mm/r，主轴转速为 800r/min 3）沟槽粗车参数：切削方向选负向，X 预留量为 0，Z 预留量为 0，横向移动量选刀具宽度百分比 4）取消沟槽精车
9	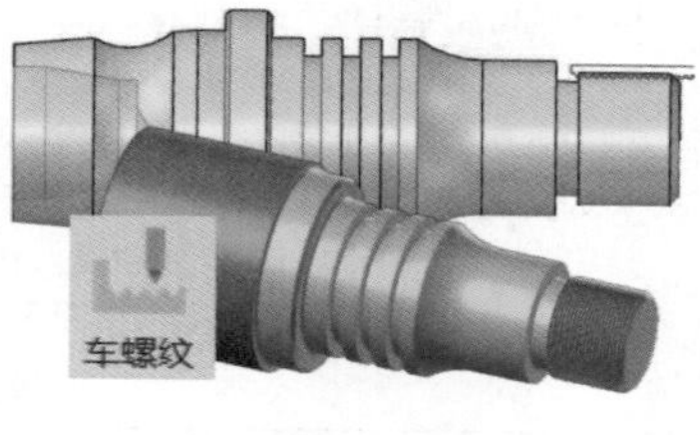 **车螺纹**	车螺纹： 1）加工策略：车螺纹 2）刀具设置：米制 60° 螺纹刀片右手螺纹车刀，主轴转速为 200 r/min 3）螺纹外形参数：由表单计算，M30×2，起始位置为 0.0mm，结束位置为 −22.0mm 4）螺纹切削参数：输出 NC 代码格式 G76，切入加速间隙为 5.0mm，退出延伸量为 2.0mm
10	练习 5-1.stp	调头，车削加工右端
11	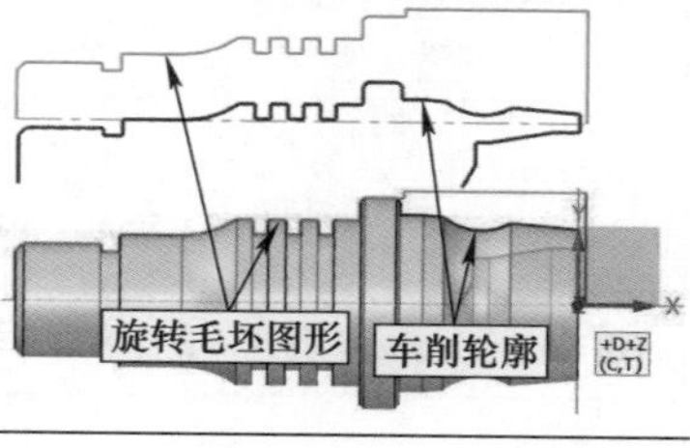 **旋转毛坯图形** **车削轮廓** +D+Z (C,T)	调头，车削加工右端，创建编程环境： 1）重新启动 Mastercam 2022，导入文件"练习 5-1.stp"，右端面圆中心移至系统原点 2）提取车削轮廓线至图层 3。再次提取轮廓，并编辑为旋转毛坯图形至图层 5 3）与第 1 步相同方法，进入车削模块，设置工件坐标系 +D+Z 平面
12	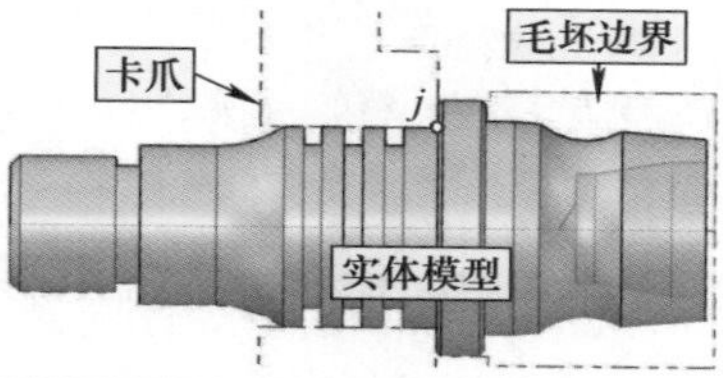 **卡爪** **毛坯边界** *j* **实体模型**	设置毛坯、卡爪等： 1）基于旋转毛坯图形生成左端加工后的毛坯，端面余量为 2mm 2）设置卡爪，默认参数图形，外径夹紧，卡爪定位点如图 *j* 点（圆柱与端面定位）

（续）

步骤	图 例	说 明
13		预钻 ϕ20mm 孔： 1) 加工策略：钻孔 2) 刀具参数：ϕ20mm 钻头，进给量为 0.05mm/r，主轴转速为 600r/min 3) 钻孔参数：深度捕抓 h 点，循环选钻头/沉头钻
14		车端面： 1) 加工策略：车端面 2) 刀具参数：80° 刀尖角右手粗车刀，刀具编号为 T0101，进给量为 0.2mm/r，主轴转速为 1000r/min 3) 车端面参数：勾选"粗车步进量"选项，精车步进量为 0.4mm，精车 1 刀
15		粗镗内孔（车内孔）： 1) 加工策略：粗车，固定循环；部分串连（$c \to d$） 2) 刀具参数：创建或编辑一把镗刀，刀具参考型号 S12M-SCLCR06，刀具编号为 T0202，进给量为 0.1mm/r，主轴转速为 800r/min 3) 循环参数：X 和 Z 安全高度为 0，背吃刀量为 1.0mm，退出长度为 0.2mm，Z 预留量为 0.25mm，X 预留量为 0.3mm。切入延长为 2.0mm，切出延长为 0.5mm，勾选"延伸外形至毛坯"选项
16		精镗内孔（车内孔）： 1) 加工策略：精车，固定循环；部分串连（$c \to d$） 2) 刀具参数：与粗镗内孔共用镗刀，进给量为 0.1mm/r，主轴转速为 1000r/min 3) 循环参数：默认的上一步粗镗内孔循环
17		粗车外圆： 1) 加工策略：仿形，固定循环；部分串连（$a \to b$） 2) 刀具参数：刀尖角 55°、主偏角 93° 的右手外圆车刀，刀具编号为 T0303，进给量为 0.2mm/r，主轴转速为 1000r/min 3) 仿形参数：步进量为 1.5mm，切削次数 7，Z 预留量为 0.35mm，X 预留量为 0.35mm，切入延长为 2mm，切出延长为 1.0mm，勾选"延伸外形至毛坯"复选框
18		精车外圆： 1) 加工策略：精车，固定循环；部分串连（$a \to b$） 2) 刀具参数：与粗车共用车刀，进给量为 0.1mm/r，主轴转速为 1100r/min 3) 循环参数：默认的上一步外圆仿形循环

✎ 练习 5-2　已知加工工程图为如图 5-16 所示的 STP 格式文档（前言中的二维码提供了练习文件和结果文件）。材料为 45 钢，毛坯尺寸为 ϕ40mm×102mm，加工工艺：先加工左端，然后调头加工右端。加工编程练习步骤见表 5-2。

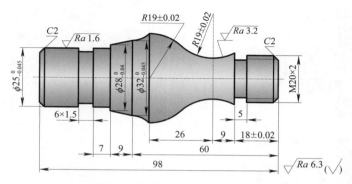

图 5-16　样例 10——工程图

1）建议依据图 5-16 所示工程图，练习其 3D 建模，并导出为"练习 5-2.stp"文件。亦可跳过这一步，直接从前言二维码扫码调用"练习 5-2.stp"文档。

2）表 5-2 给出了数控加工编程过程图解，读者可逐步练习。同时，还可直接调用加工结果文件进行研习。

表 5-2　练习 5-2 加工编程练习步骤

步骤	图　例	说　明
1	练习 5-2.stp	依据工程图，创建 3D 模型
2	实体模型　车削轮廓　系统原点　坐标系设置 名称　G WCS C T 补 ✓ 俯视图　G WCS ✓ +D+Z　C T	首先加工右端，创建编程环境： 1）启动 Mastercam 2022，导入文件"练习 5-2.stp"，左端面圆中心移至系统原点 2）设置图层 3 为当前层，提取车削轮廓线 3）单击"机床→机床类型→车床→默认"指令，进入车床模块，在"平面"管理器中设置 +D+Z 平面作为工件坐标系
3	卡爪　圆柱毛坯　j　实体模型	设置毛坯、卡爪等： 1）定义圆柱毛坯，尺寸为 ϕ40mm×102mm，端面余量为 2mm 2）设置卡爪，默认参数图形，外径夹紧（长圆柱定位），卡爪定位点 j（D40，Z-60）
4	车端面	车端面： 1）加工策略：车端面 2）刀具参数：80° 刀尖角右手粗车刀，刀具编号为 T0101，进给量为 0.2mm/r，主轴转速为 800r/min 3）车端面参数：勾选"粗车步进量"选项，精车步进量为 0.4mm，精车 1 刀 4）参考点为（D140，Z100）（下同）

（续）

步骤	图　例	说　明
5	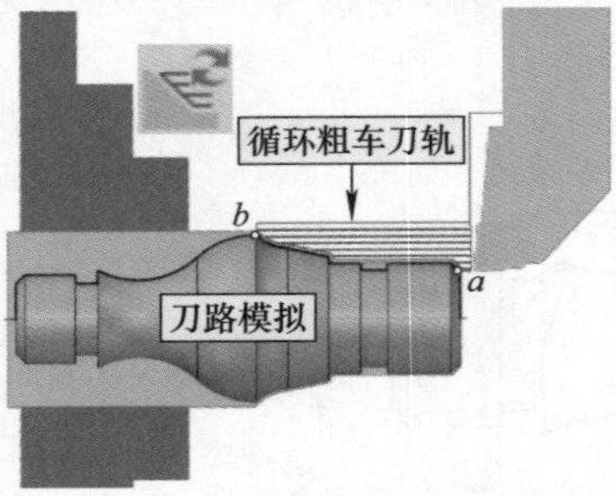	粗车外圆： 1）加工策略："粗车"，固定循环；部分串连（ $a \rightarrow b$ ） 2）刀具参数：与车端面车刀共用，进给量为 0.2mm/r，主轴转速为 1000r/min 3）循环参数：X 安全高度为 1.0mm，Z 安全高度为 1.0mm，切削深度为 1.5mm，Z 预留量为 0.3mm，X 预留量为 0.4mm。切入延长为 1mm，切出延长为 1.0mm
6	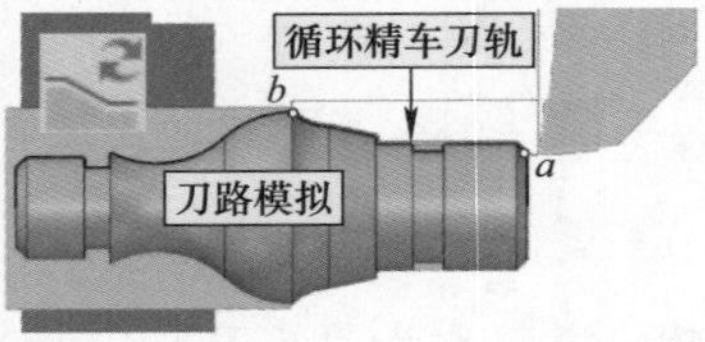	精车外圆： 1）加工策略："精车"，固定循环；部分串连（ $a \rightarrow b$ ） 2）刀具参数：与粗车共用车刀，进给量为 0.1mm/r，主轴转速为 1000r/min 3）循环参数：默认的上一步外圆粗车循环
7	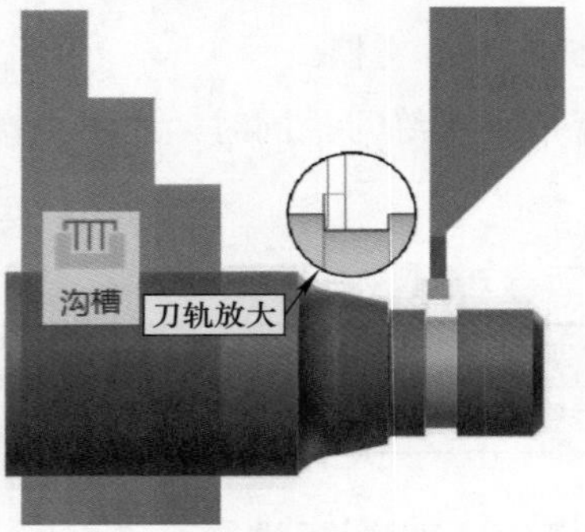	车螺纹退刀槽： 1）加工策略：沟槽，循环；"串连"定义沟槽 2）刀具参数：宽度为 W4. 的右手外圆切槽刀，刀具编号为 T0303，进给量为 0.1mm/r，主轴转速为 800r/min 3）沟槽粗车参数：切削方向选负向，X 预留量为 0，Z 预留量为 0 4）沟槽精车参数：取消勾选"精修"复选框
8	练习 5-2.stp	调头，车削加工右端
9	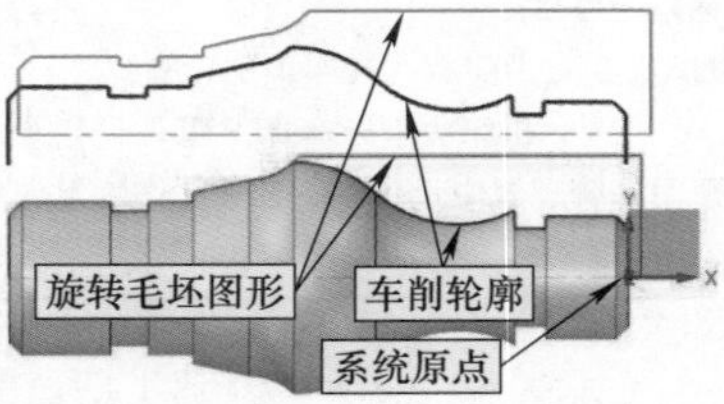	调头，车削加工右端，创建编程环境： 1）重新启动 Mastercam 2022，导入文件"练习 5-2.stp"，右端面圆中心移至系统原点 2）提取车削轮廓线至图层 3。再次提取轮廓，并编辑为旋转毛坯图形至图层 5 3）与第 1 步相同方法，进入车削模块，设置工件坐标系 +D +Z 平面
10	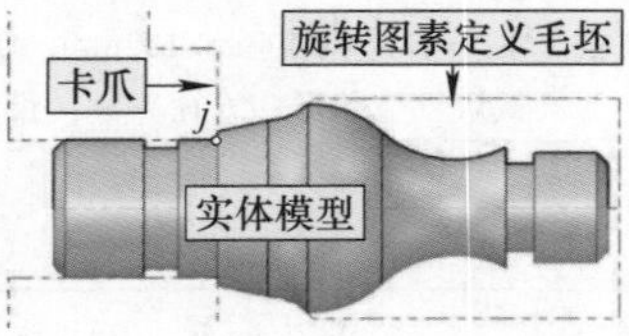	设置毛坯、卡爪等： 1）基于旋转毛坯图形生成左端加工后的毛坯，端面余量为 2mm 2）设置卡爪，默认参数图形，外径夹紧，卡爪定位点如图 j 点（圆柱与端面定位）
11	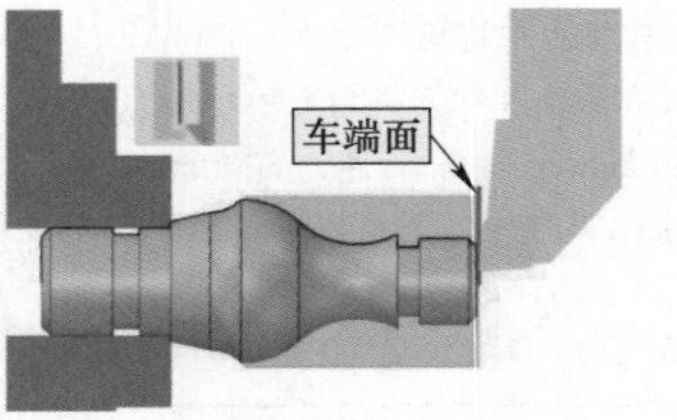	车端面： 1）加工策略：车端面 2）刀具参数：80°刀尖角右手粗车刀，刀具编号为 T0101，进给量为 0.2mm/r，主轴转速为 800r/min 3）车端面参数：勾选"粗车步进量"选项，精车步进量为 0.4mm，精车 1 刀

（续）

步骤	图　例	说　明
12		粗车外圆： 1）加工策略："粗车"，固定循环；部分串连（$a \to b$） 2）刀具参数：与车端面车刀共用，进给量为 0.2mm/r，主轴转速为 1000r/min 3）循环参数：X 安全高度为 1.0mm，Z 安全高度为 1.0mm，切削深度为 1.5mm，Z 预留量为 0.3mm，X 预留量为 0.4mm。切入延长为 1mm，切出延长为 2.0mm，切入参数设置不允许凹陷加工
13		粗车外圆： 1）加工策略："仿形"，固定循环；部分串连（$c \to d$） 2）刀具参数：刀尖角 55°、主偏角 93° 的右手外圆车刀，刀具编号为 T0202，进给量为 0.2mm/r，主轴转速为 800r/min 3）仿形参数：步进量为 1.0mm，切削次数为 3，Z 预留量为 0.3mm，X 预留量为 0.3mm。切入延长为 1mm，切出缩短为 1.0mm，勾选"延伸外形至毛坯"复选框
14		车螺纹退刀槽： 1）加工策略：沟槽；"串连"定义沟槽 2）刀具参数：与左端切槽共用刀具，进给量为 0.1mm/r，主轴转速为 800r/min 3）沟槽粗车参数：切削方向选负向，X 预留量为 0，Z 预留量为 0，横向移动量选刀具宽度百分比，设置值为 75.0 4）取消沟槽精车
15		外轮廓精车： 1）加工策略：精车；两根部分串连（$a \to b$ 和 $c \to d$） 2）刀具参数：与前述凹槽车削的 T0202 共用刀具，进给量为 0.1mm/r，主轴转速为 1000r/min 3）精车参数：补正方式选控制器，X 预留量为 0，Z 预留量为 0，切入延长为 1mm，切出延长为 1.0mm，切入参数选择允许凹陷
16		车螺纹： 1）加工策略：车螺纹 2）刀具设置：米制 60° 螺纹刀片右手螺纹车刀，主轴转速为 200r/min 3）螺纹外形参数：运用公式计算，M20×2，起始位置为 0.0mm，结束位置为 −13.0mm 4）螺纹切削参数：输出 NC 代码格式 G76，切入加速间隙为 4.0mm，退出延伸量为 2.0mm

本章小结

　　本章主要围绕固定循环指令相关的车削加工策略展开。固定循环指令是数控系统中基于基本编程指令开发的一种适用于手动编程的实用加工指令，其指令格式略显复杂，但指令长度较短，手动编程实用性强。本章的固定循环指令主要指 Fanuc 车削系统 G71、G72、G73、G74 和 G75 指令。讨论过程中，从这些指令的加工应用出发展开。由于自动编程的便捷性，即使对固定循环指令有一定基础的读者，也可通过本章的学习，进一步理解与规范这些固定循环指令格式的应用。

6.1　概述

启动 Mastercam 2022 软件并进入车削模块后，展开其标准功能选项区列表（见图 1-4），上半部分的大部分加工策略在第 4 章已经学过，它们是基于基本编程指令，按照生产中的典型加工工艺开发的标准加工策略。下面的 4 个加工策略是专门针对数控系统的固定循环指令开发的规定循环加工策略，在第 5 章也已讨论。本章拟对上半部分剩余的 4 个加工策略展开讨论，这 4 个加工策略依然基于基本编程指令开发，但其加工刀轨各有特点。

6.2　仿形粗车加工编程

"仿形粗车"（█按钮）加工策略是针对铸造、模锻类零件毛坯而设置的加工策略，其刀路的特点是一系列以加工模型轮廓线向外按指定距离偏置的刀具轨迹，如图 6-1 所示。这种加工策略同样适用于圆柱体毛坯的加工，如图 6-3 所示。图 6-1 的刀具轨迹与前面的仿形固定循环加工策略的刀具轨迹对照，似乎有几分相似，事实也确实如此，其切削加工动作的轨迹思路相同——仿形轨迹；然而，图 6-3 虽然是依照加工轮廓等距偏置生成仿形轨迹，但这仅限于切削加工段，一旦越出毛坯边界进入非切削加工阶段，就会转入快速定位指令 G00 动作，以较为优化的轨迹和移动速度转入下一刀切削加工轨迹，因此，其每一刀切削加工运动轨迹是等距变化的，这种运动轨迹明显有别于"仿形"固定循环指令 G73 的运动轨迹。"仿形"固定循环指令 G73 的运动轨迹的每一刀切削轨迹均是相同的，这是数控系统固定循环指令的策略规定，偏离这一点，就不能后处理生成对应的固定循环指令 G73 指令格式的 NC 代码。由于"仿形"固定循环指令 G73 每一刀的切削轨迹固定不变，而每一刀的偏置步距（基本对应背吃刀量或切削深度）又不能太大，因此在切削圆柱体毛坯时，前期的切削刀轨存在较多的空切现象（即未切削到金属材料），这是"仿形"固定循环指令 G73 加工策略的不足之处。本节的"仿形粗车"加工策略用毛坯边界做约束，越出这个边界约束就会停止切削运动，避免了空切现象，当然，付出的代价是只能后处理生成基本编程指令的 NC 代码，表现为程序段较多，手动输入存在困难。若用存储卡导入或数据线传送输入等，这个缺点将不明显。

6.2.1 铸、锻件类零件毛坯的仿形粗车

1. 铸、锻件类零件毛坯仿形粗车加工示例

图 6-1 所示为铸、锻件类零件毛坯"仿形粗车"加工示例，其加工模型和毛坯模型与第 5 章的仿形固定循环相同，参见图 2-66 和示例 5-3 等。但其加工工艺是基于仿形粗车加工策略，图 6-1 中，左端用仿形粗车刀路①替换了原来步骤 1 的（5）（参见示例 5-3，下同）的仿形固定循环粗车外圆，仿形粗车刀路②替换了原来步骤 1 的（6）的仿形固定循环粗车内孔；右端的仿形粗车刀路③替换了原来步骤 3 的（3）的仿形固定循环粗车外圆。需要说明的是，仿形粗车本身没有配套的精车策略，因此替换仿形粗车工步后的精车亦同时需要替换为第 4 章基本编程策略中的"精车"加工策略。

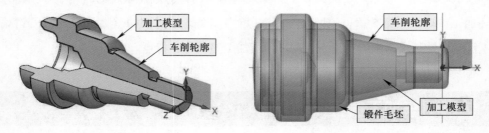

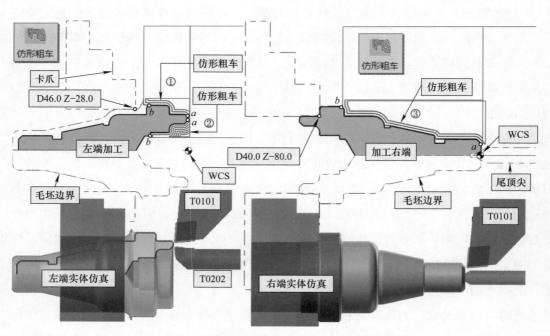

图 6-1 铸、锻件类零件毛坯"仿形粗车"加工示例

2. 仿形粗车加工操作的参数设置

单击"车削→标准→仿形粗车"功能按钮 ，弹出选择串连操作提示和"线框串连"对话框，在"部分串连"方式下选择图示部分串连 $a \to b$，单击确认按钮，弹出"仿形粗车"

对话框，其中"刀具参数"选项卡与前述的其他操作基本相同，这里主要讨论"仿形粗车参数"选项卡，如图 6-2 所示。

在图 6-2 中，"固定补正"和"XZ 补正"用于控制刀轨之间的距离，相当于背吃刀量，前者两条刀轨之间的距离固定且均匀，后者可在 X 和 Z 方向上设置不同的偏置值，对于 Z 方向上运动较长的刀具轨迹，一般 Z 方向的偏置值小于 X 方向的偏置值，且不宜取得太大；"X 预留量"和"Z 预留量"用于控制后续加工的加工余量，补正方式中无"控制器"选项，"进刀量"和"退刀量"用于控制刀具轨迹超出毛坯控制边界的距离，相当于安全距离；"切入 / 切出"和"切入参数"按钮弹出的对话框的设置与前述的概念和设置相同。另外，注意右下部的毛坯识别选项只能是毛坯外形。

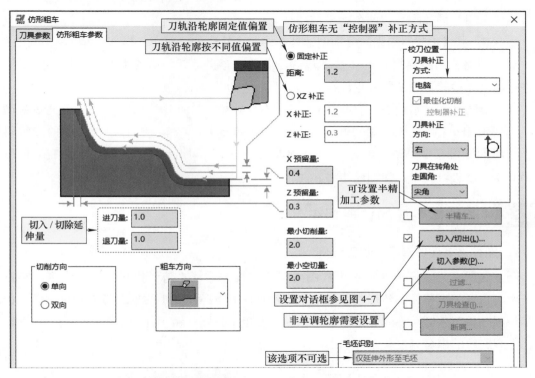

图 6-2　"仿形粗车"对话框→"仿形粗车参数"选项卡

3. 生成刀具路径及其路径模拟与实体仿真

首次设置并确认后，系统会自动计算刀路，后续修改必须重新计算刀路。刀具路径模拟与仿真操作同粗车加工，实体仿真结果参见图 6-1。

4. 示例练习

▶ **示例 6-1**　将示例 5-3 中步骤 1 所示的左端加工中的固定循环指令编程替换为仿形粗车编程，注意配套粗车固定循环指令的精车循环用"精车"加工策略，需要替换的加工部位参见图 6-1。

步骤 1：从前言中的二维码获得并打开示例 5-3 的结果文件"第 1 步 _ 左端加工 .mcam"，并将其另存为"第 1 步 _ 左端仿形粗车 .mcam"。

步骤 2：在"刀路"操作管理器中，将操作插入箭头 ⇢ ▶ 定位至第 3 个操作——"仿形循环"操作之上，单击"车削→标准→仿形粗车"固定循环功能按钮 ▨，按示例 5-3 的要求选择外轮廓的部分串连 $a \rightarrow b$，单击确认按钮，弹出"仿形粗车"对话框，"刀具参数"选项卡中的设置同示例 5-3，"仿形粗车参数"选项卡中的设置如下：固定补正为 1.2mm，X 预留量为 0.4mm，Z 预留量为 0.3mm，进 / 退刀量均为 1.0mm，切出延伸量为 3.0mm。

步骤 3：接着再创建一个"仿形粗车"（▨ 按钮）固定循环，加工串连选择内孔部分的部分串连 $a \rightarrow b$，"仿形粗车参数"选项卡中的设置如下：固定补正为 1.0mm，X 预留量为 0.3mm，Z 预留量为 0.2mm，进 / 退刀量均为 1.0mm。

步骤 4：删除原来的固定循环操作，包括外轮廓的仿形循环粗车、内轮廓的粗车循环以及与这两个粗车循环配套的两个精车循环。

步骤 5：按 4.4 节的知识，分别创建外轮廓与内轮廓的"精车"操作，具体操作略。

观察刀路、刀路模拟与实体仿真验证，满意后存盘，并与前言中二维码提供的结果文件进行比较，检验自己的掌握程度。

▶ 示例 6-2　将示例 5-3 中步骤 3 所示的右端外圆轮廓加工中的操作 1——仿形固定循环替换为仿形粗车操作，将操作 2 的精车固定循环替换为"精车"操作。前言中的二维码提供了相应的练习文件"第 3 步 _ 右端 外廓加工 .mcam"和结果文件"第 3 步 _ 右端仿形粗车 .mcam"供研习使用。详细操作略。

6.2.2 圆柱体毛坯的仿形粗车

1. 圆柱体毛坯仿形粗车加工示例

图 6-3 所示为以图 5-8 所示工程图为例的圆柱体毛坯"仿形粗车"加工示例，其将示例 5-4 的粗车工步替换为仿形粗车加工策略。具体如下：步骤 1 的加工工艺为车端面→仿形粗车外圆→精车外圆，步骤 3 的加工工艺为仿形粗车外圆→精车外圆→车退刀槽→车螺纹。工艺中有底纹的部分为变化部分。

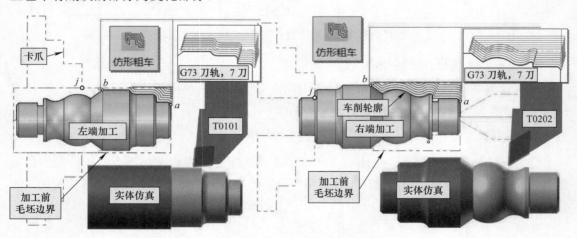

图 6-3　圆柱体毛坯"仿形粗车"加工示例

"仿形粗车"（▦按钮）加工策略用于圆柱体毛坯时，刀具轨迹以加工前毛坯边界为参照，越界距离可通过"进刀量"和"退刀量"参数设置，其不仅可加工图 6-3 左图所示的单调变化的轮廓曲线，还可通过"切入参数"设置，实现图 6-3 右图所示的非单调变化的轮廓粗车加工。

💡 提示

图 6-3 右图因为设置了允许凹陷切削的切入参数，为避开加工退刀槽，另外构造了一条没有退刀槽的串连曲线。

2．圆柱体毛坯仿形粗车与仿形固定循环刀具轨迹比较分析

仿形粗车刀具轨迹与仿形固定循环刀具轨迹相比非常简洁，几乎没有多余的空切轨迹。"仿形"固定循环加工策略（G73）用于圆柱体毛坯时，空切轨迹不可避免，且空切轨迹与加工轮廓线 X 方向的运动距离有关，图 6-3 两端加工轨迹都在右上角显示了同等步进量（1.5mm）时仿形循环 G73 指令的刀具轨迹，前面几刀的切削有较多的空切轨迹。

3．示例练习

▶ 示例 6-3　试将示例 5-4 中步骤 3 所示的右端外圆轮廓加工中的固定循环指令——操作 1 ~ 3，替换为仿形粗车与精车两个操作工步。

首先，从前言中的二维码获得相应的练习文件"第 3 步 右端外轮廓加工 .mcam"，并将其另存为"第 3 步右端仿形粗车 .mcam"。

步骤 1：在原车削轮廓线图层之外，重新提取一个车削轮廓模型，并修改为无退刀槽的串连曲线，如图 6-3 所示。

步骤 2：选中待删除的三个操作，右击鼠标打开快捷菜单，删除这三个操作工步，并将插入箭头┅▶定位至沟槽粗车操作之上，单击"车削→标准→仿形粗车"固定循环功能按钮，选择新构建的无退刀槽的串连曲线 a → b，插入一个仿形粗车操作，参数设置如下：刀具不变，仿形粗车参数为，选中"XZ 补正"，X 补正为 1.5mm，Z 补正为 0.8mm，X 预留量为 0.3mm，Z 预留量为 0.15mm，进 / 退刀量均为 1.0mm。

步骤 3：接着仿形粗车操作，单击"车削→标准→精车"功能固定按钮◢，插入一个精车操作，刀具与仿形粗车操作相同，参数设置如下：主轴转速为 1200r/min，进给量为 0.1mm/r，补正方式为"控制器"，切入延长为 1mm，切出延长为 2mm，切入参数允许凹陷选项。

观察刀路、刀路模拟与实体仿真验证，满意后存盘，并与前言中二维码提供的结果文件进行比较，检验自己的掌握程度。

6.3　动态粗车加工编程

"动态粗车"（▦按钮）加工策略是一种专为高速切削加工而设计的刀路，其切削面积均匀，材料切入、切出以切线为主，刀具轨迹圆滑流畅，几乎没有折线刀路，加工过程中较少应用 G00 过渡，因此加工过程中切削力急剧变化较小，适合高速车削加工。图 6-4 所示为某滚轴型面"动态粗车"加工示例，假设工件已加工完成型面之外的其他加工，此处仅动态加工型面，采用圆刀片仿形车刀。限于高速加工对机床的要求以及人们对高速切削机理的认识，目前动态粗车刀路应用还不广泛，但仔细研究这种加工策略，对理解高速切削加工刀轨是有帮助的。

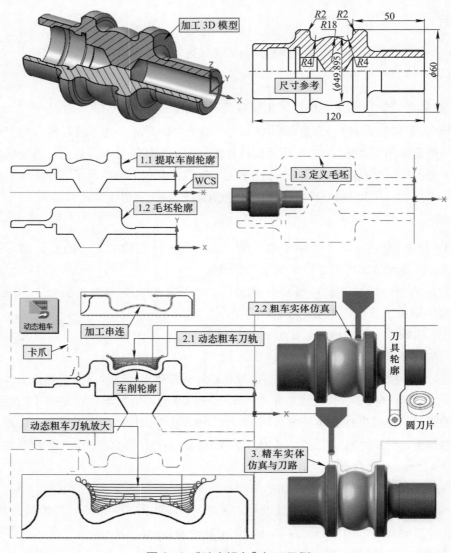

图 6-4 "动态粗车"加工示例

1. 加工前准备

以图 6-4 所示动态粗车为例。假设已知动态粗车前的半成品 3D 数字模型"图 6-4_滚轴 .stp"（从前言中的二维码获得），并提供了与加工相关的型面尺寸。

1）启动 Mastercam 2022，读入数字模型"图 6-4_滚轴 .stp"，并放置在图层 1 中。然后，利用"线框→形状→车削轮廓"功能按钮，提取车削轮廓，并放置在图层 2 中。

2）再次提取车削轮廓并基于车削轮廓创建毛坯轮廓，放置在图层 3 中。

3）进入车削加工模块，基于"旋转"图形定义加工毛坯。另外，按图示位置定义卡爪装夹，卡爪定位点为 j（40，-96）。

2．动态粗车加工操作的创建与参数设置

以图 6-4 所示的动态粗车加工示例为例，前言中的二维码提供了相应文档供学习参考。

（1）动态粗车加工操作的创建 单击"车削→标准→动态粗车"功能按钮 🔧，弹出操作提示："选择切入点或串连外形"，以及"线框串连"对话框，默认"部分串连"按钮 🖉 有效的情况下，按图示要求选择串连，单击确认按钮，弹出"动态粗车"对话框，默认为"刀具参数"选项卡。

（2）动态粗车加工参数设置 这些参数主要集中在"动态粗车"对话框中，该对话框还可通过单击已创建的"动态粗车"操作下的 🛬 参数 标签激活并修改。

1）"刀具参数"选项卡。创建一把图 6-4 所示的圆刀片仿形车刀，刀片半径设置为 R2.5，切削参数自定，参考点设置为（X50，Z100）。

> 💡 **提示**
>
> 该仿形车刀可以通过右击鼠标打开快捷菜单，然后以创建新刀具命令逐步创建，也可以选择一把宽度为 W5 左右的切槽刀，通过编辑参数获得。

2）"动态粗车参数"选项卡（见图 6-5），其中的参数对动态刀具轨迹的形态有较大的影响，可通过修改参数、观察刀轨确定。

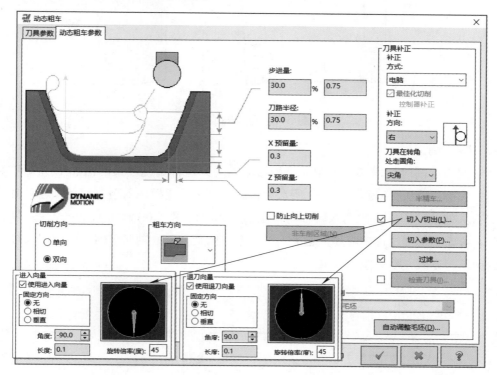

图 6-5 "动态粗车"对话框→"动态粗车参数"选项卡

3. 生成刀具路径及其路径模拟与实体仿真

首次设置并确认后，系统会自动计算刀路，后续修改必须重新计算刀路。刀具路径模拟与仿真操作同粗车加工，实体仿真结果参见图 6-4。

6.4 切入车削加工编程

"切入车削"（三按钮）加工策略是基于现代机夹可转位不重磨切槽车刀具有良好轴向切削功能而开发的以切槽刀横向切削为主的加工刀路，与"沟槽"车削相同，"切入车削"策略也是将粗、精车加工参数设置集成在同一个对话框中。

6.4.1 切入车削加工原理与刀路分析

1. 切入车削加工原理

切入车削加工指切槽车刀轴向车削加工，图 6-6 所示为其车削原理。首先，径向车削至一定切削深度 a_p，然后转为轴向车削，由于切削阻力 F_z 的作用，刀头产生一定的弯曲变形，形成一个小的副偏角，修光已加工表面。进行轴向车削，注意刀具略微增长了 $\Delta d/2$。刀具伸长量 $\Delta d/2$ 是一个经验数据，受切削深度 a_p、进给量 f、切削速度 v_c、刀尖圆角半径 r_ε、材料性能、切槽深度以及刀头悬伸部分刚度等因素影响，一般在 0.1mm 左右。

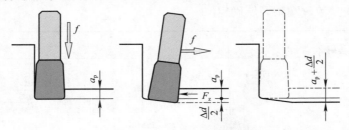

图 6-6 切入车削原理

2. 切入车削刀路分析

由于切入车削时切槽车刀为轴向进给移动，因此适合宽度较大的槽加工，其可实现轴向车削槽的粗、精加工编程。图 6-7 所示为带底角倒圆的宽槽切入粗车刀具轨迹，由于轴向车削的刀头伸长，因此径向切入转轴向切削前，刀具应退回 0.1～0.15mm，参见图中 I 放大部分。考虑到切削过程中应尽量避免刀具两个方向受力，故轴向车削转径向切入时，要有 45°斜向退刀方式，参见图中 II 放大部分。

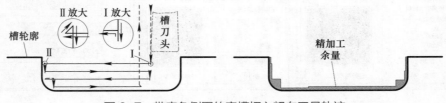

图 6-7 带底角倒圆的宽槽切入粗车刀具轨迹

图 6-8 所示为轴向粗车配套的精车加工步骤，其中，第②步轴向车削前仍然要回退刀具伸长量 $\Delta d/2$。

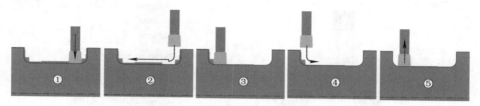

图 6-8　轴向粗车配套的精车

3．切入车削典型加工示例

图 6-9 所示为切入车削粗、精车削示例的实体仿真，图中精车加工圆柱部分似乎大一点，实际上是软件仿真时未考虑刀具伸长变形所致，若刀具伸长量 $\Delta d/2$ 选取合适，实际加工件是看不到这个略凸现象的。

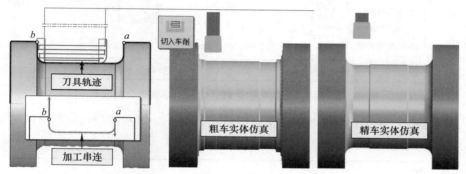

图 6-9　切入车削粗、精车削示例

> **提示**
>
> 　　读者可从前言扫码调用图 6-9 示例，观察刀路、刀路模拟及实体仿真等，体会切入车削的加工原理。

6.4.2　切入车削参数设置

以图 6-9 所示模型为例，扫描前言二维码可调用示例模型"切入车削模型 .stp"。

首先，启动 Mastercam 2022，导入练习模型，并提取车削轮廓。

进入车削模块，单击"车削→标准→切入车削"功能按钮，弹出"沟槽选项"对话框，串连方式选择图 6-9 所示的部分串连 $a \to b$，弹出"切入车削"对话框，共有 4 个选项卡。

刀具参数：选择一把刀尖圆角为 0.3mm、宽度为 4.0mm 的中置切槽车刀（OD GROOVE CENTER - MEDIUM），设置参考点（数值自定）。

切入形状参数：由于是串连定义沟槽，所以这一项不需要设置。

切入粗车参数：用于设置粗切参数，如图 6-10 所示，包括径向切入和转入横向切削的切削参数、切削方向控制等，其中"防止碰撞"选项用于阶梯切削时消除圆环现象，圆环现象是切入切削时的一种特有现象，参阅参考文献 [3]，本例不会出现圆环现象，不需要考虑。

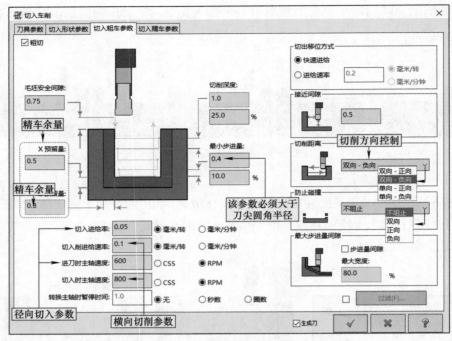

图 6-10 "切入车削"对话框"切入粗车参数"选项卡

切入精车参数：用于精车参数的设置，如图 6-11 所示。其防缠绕边缘断屑也属于消除圆环现象的问题。

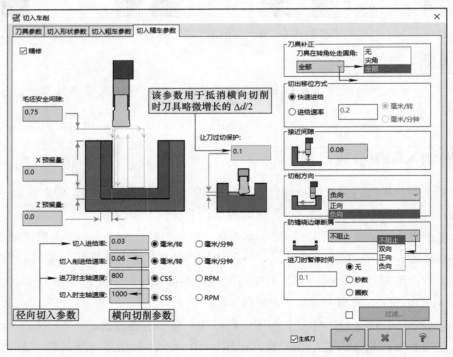

图 6-11 "切入车削"对话框"切入精车参数"选项卡

在切削过程中，观察刀路、路径模拟与实体仿真，确认满意后存盘。

6.4.3 切入车削拓展应用

切入车削功能不仅可以切削底角倒圆角的宽槽，也可以加工无圆倒角的矩形槽，以及任意形状的凹槽，甚至可进行复杂外轮廓形状外圆的粗加工。图 6-12 所示为切入车削粗、精加工应用示例，考虑到退刀槽底宽度仅为 4.0mm，与切入车削的刀具宽度相同，因此，通过增加辅助线的方式，重新选择串连，避开了退刀槽的加工，后续再单独安排一道沟槽刀路车削退刀槽。

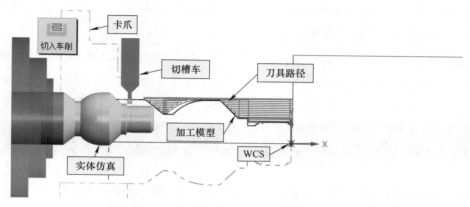

图 6-12　切入车削粗、精加工应用示例

6.4.4 切入车削示例

▶ 示例 6-4　已知图 6-13 所示工程图，材料为 45 钢，圆柱毛坯尺寸为 $\phi50mm×102mm$，先加工右端至宽槽略多 2～3mm 处，然后调头切宽槽等。加工工艺为：卡爪装夹，先右端加工，车端面→粗车外圆→精车外圆，然后调头，卡爪装夹 $\phi40mm$ 的圆柱段，车端面→粗车外圆→精车外圆→车退刀槽→宽槽切入车削→车螺纹。

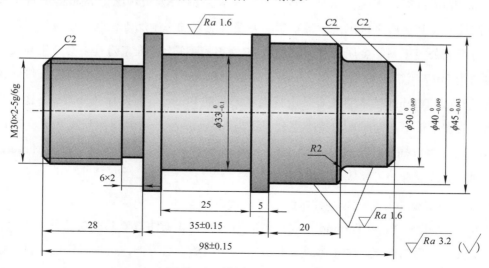

图 6-13　样例 11——工程图

宽槽之外部分的加工编程策略自定，也可从前言中的二维码调用结果文件进行研习。这里仅给出中间的宽槽参数设置练习要求。

宽槽切入车削要求如下：

刀具参数：与退刀槽共用，刀尖圆角为 0.3mm、宽度为 4.0mm 的右手外圆切槽车刀（OD GROOVE RIGHT - MEDIUM）。

切入粗车参数：切削深度为 1.0mm，最小步进量为 0.4mm，X 预留量为 0.5mm，Z 预留量为 0.25mm，切入进给量为 0.05mm/r，主轴转速为 600r/min，横向切削进给量为 0.1mm/r，主轴转速为 800r/min，切削方向选双向 - 负向。

切入精车参数：X 预留量为 0，Z 预留量为 0，让刀过切保护 0.1mm，切入进给量为 0.03mm/r，主轴转速为 800r/min，横向切削进给量为 0.06mm/r，主轴转速为 1000r/min，切削方向选负向。

6.5　Prime Turning 全向车削加工编程简介

Prime Turning 为全向车削的英文名称，单独称呼 Prime Turning 过于专业，字面翻译可能不准，而单独称呼"全向车削"也不好理解，毕竟在专业车削技术的书籍中，这个词出现的频率不高，很难具体理解，故常常将其以英语 - 中文合并称呼，前者泛指这项技术的发布者山特维克的技术，后者从中文的角度点出其核心的多功能切削技术。

6.5.1　Prime Turning 全向车削技术加工原理

1. 什么是 Prime Turning 全向车削技术

Prime Turning 全向车削技术是山特维克可乐满公司（SANDVIK Coromant）推出的一种新型车削技术，其实质是推出了一种新型车刀及其配套的车削加工策略。山特维克可乐满公司是山特维克公司下属的金属切削刀具制造商，因此简称山特维克刀具不会产生歧义。山特维克公司于 2017 年推出这项技术，并将其命名为 Prime Turning，传入中国后一般翻译为全向车削，Prime Turning 技术的核心是山特维克公司的 Prime 车削刀片（分为 A、B 型两种）及其配套的加工策略，同时，山特维克公司还与 Mastercam 公司合作，开发 Prime Turning 加工策略，2018 版以插件的形式融入 Mastercam 编程软件，2019 版则集成进入了 Mastercam 软件的车削和车铣复合加工模块。

2. Prime Turning 全向车削技术的加工原理与特点

图 6-14 所示为 Prime Turning 全向车削应用示例，其工件模型上提取了车削轮廓曲线，毛坯模型为加工后的形状，加工串连 $a \rightarrow b$ 方向为远离卡盘方向，可加工表面外圆、端阶梯平面和端面和仿形轮廓曲线等，刀具正常切削方向从 a 到 b 远离卡盘（见图中实线箭头），

反向切削方向如图中虚线箭头所示，所谓的全向切削指切削方向可以正向也可以反向，切削表面可以为外圆、阶梯平面或端面以及中间的仿形面。Mastercam 的 Prime Turning 加工策略包括粗车与精车两种，粗车策略可细分为 5 种切削刀路，图示显示的是"水平"粗切策略，精车切削策略亦可细分为 5 种加工方式，图示显示的是"平面及壁边"方式。欲详细观察刀路的走向与特点，可扫描前言中的二维码，调用图 6-14 的示例文件，在 Mastercam 软件中打开它并进行刀路模拟或实体仿真动态观察。从图示的三张实体仿真图可以看出，加工前的毛坯为圆柱，粗车完成后在端面有明显的刀路切削痕迹，且车削轮廓被精车余量挡住而看不见，精车完成后可清晰地看到车削轮廓，表示外轮廓面已加工至尺寸。要想实现 Prime Turning 全向车削，离不开专业的 Prime 车刀，图 6-14 右下角显示的是山特维克公司的 Prime Turning 车削专用刀片，分为 A、B 型两种，A 型刀片为三个刀尖角（ε_r 为 35°），构造出的车刀主偏角在 30° 左右，主要用于轻型粗加工、精加工和仿形切削；B 型刀片采用双刀尖角结构，分别为 80° 和 40°，构造出车刀的主偏角在 25° 左右，刀片强度更好，适合粗加工和精加工，粗加工效果优于 A 型刀片。

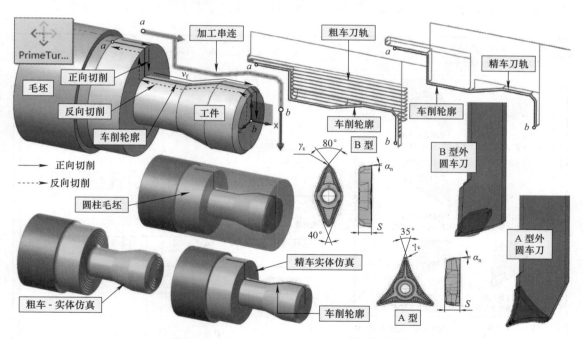

图 6-14　Prime Turning 全向车削应用示例

特点总结：Prime Turning 可以仅用一把刀具完成纵向车削（前进和后退）、车端面（向内和向外）和仿形车削操作，大幅减少刀具数量和走刀次数，节约刀位，提高加工效率。较小的主偏角形成的切屑更薄，可采用更高的切削参数。与常规车刀相比，在提高 50% 切削效率的同时还能提高 50% 的刀具寿命。主要切削方向背离台阶方向，消除了普通车削阶梯端面因挤屑给刀片或零件带来的损害。

6.5.2 — Prime Turning 全向车削技术的创建与参数设置

以图 6-14 工件加工为例，从前言中的二维码调用练习文件"图 6-15.stp"。

前期准备：调用练习文件"图 6-15.stp"，在与实体图层不同的图层提取车削轮廓，进入车削模块，设置圆柱毛坯，直径为 55mm，长度为 100mm，端面余量为 2mm。

单击"车削→标准→Prime Turning"功能按钮，弹出"线框串连"对话框，以"部分串连"方式选择加工轮廓线 $a \rightarrow b$。注意串连曲线的要求为：起点靠近卡盘处，方向远离卡盘，终点在远离卡盘处。单击确认按钮，弹出"车床 Prime Turning（TM）"对话框，默认为"刀具参数"选项卡，刀具列表中默认是"Lathe_mm.tooldb"刀库的刀具，由于 Prime Turning 车削方法需要专用的刀具，因此，单击列表下的"选择刀具"按钮，弹出"选择刀具"对话框，单击列表上部的"打开"按钮，选择"Coro Turn Prime _mm.tooldb"刀库，单击确认按钮返回"刀具参数"选项卡，如图 6-15 所示。

刀具参数：图 6-15 所示刀具列表框中的刀具是通过单击左下方的"选择刀库刀具"按钮调用的。本例由于仿形的需要，选择了 A 型刀片刀具，另外还需要在右下角设置参考点。

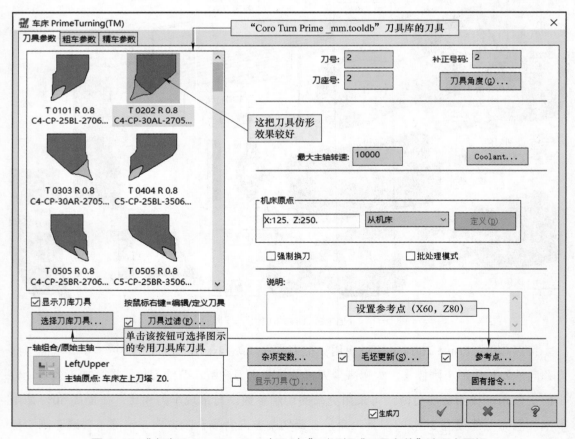

图 6-15 "车床 Prime Turning（TM）"对话框"刀具参数"选项卡图解

　　粗车参数：如图 6-16 所示，图中"策略"下拉列表框中有 5 种选项，读者可通过改变不同选项，从加工工艺的角度观察刀轨是否适合，并逐渐体会各选项的作用。单击右下方的"切入 / 切出"按钮，会弹出"切入 / 切出设置"对话框，图 6-14 中的示例将切入延长了 5mm，以满足切断的需要。另外，单击"切入参数"按钮，会弹出"车削切入参数"对话框，其切入设置区仅有两项可供选择。其余参数看图即可理解。

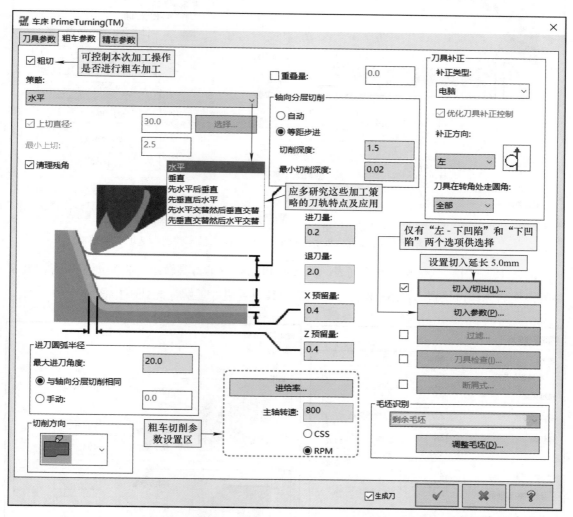

图 6-16　"车床 Prime Turning（TM）"对话框"粗车参数"选项卡图解

　　精车参数：如图 6-17 所示，默认"向下切削"按钮不可用，其生成的刀路为单向、正向顺序切削，勾选并单击后，会弹出"斜插切削参数"对话框，如图 6-18 所示，这些下切选项对精车刀路有较大的优化作用，可认为是精车加工的加工策略。同理，勾选并单击"转角类型"按钮，会弹出"转角打断参数"对话框（见图 6-18），可对工件轮廓的凸尖角切出不同的"倒圆角"和"倒角"特征。

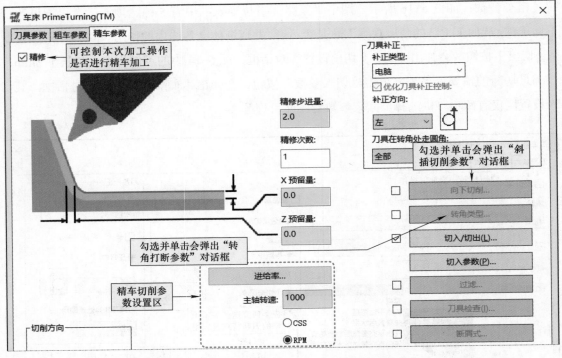

图 6-17 "车床 Prime Turning（TM）"对话框"精车参数"选项卡图解

　　图 6-18 左图的"方式"下拉列表，可改变和优化精车刀具轨迹，特别要多研习，其余参数根据名称即可设置。图 6-18 右图的参数及其设置更好理解，此处不作赘述。

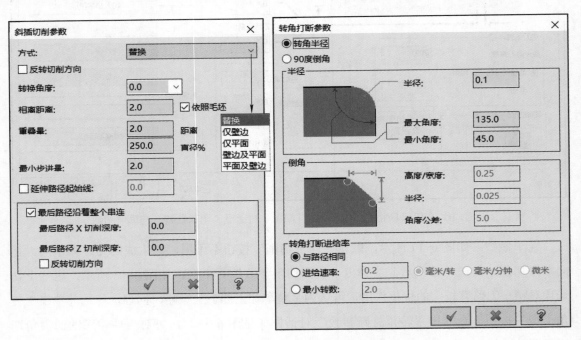

图 6-18 "斜插切削参数"与"转角打断参数"对话框

🔆 **提示**

注意粗车与精车参数对话框左上角均有一个复选框，如不勾选"精车参数"对话框的复选框，则本次操作不进行精车加工。也就是说，合理选择粗车和精车参数左上角的复选框，可将粗车和精车操作分开设置，这样可以更清晰地观察和研习刀具轨迹。

6.5.3 ─ Prime Turning 全向车削技术示例

▶ **示例 6-5** 调用练习 4-3 中的加工结果文件，将第 1 步右端和第 3 步左端的外圆轮廓加工替换为 Prime Turning 全向车削加工策略，由于左端 $SR20$ 圆弧有加工精度要求，而全向车削精车无法设置刀尖圆弧半径补偿，因此，原精车操作保留，其余条件不变，调整后的加工工艺为：先加工右端，全向车削粗、精车外圆与端面→钻中心孔；加工左端，调头→车端面→钻中心孔→加装尾顶尖→全向车削粗车外圆→精车外圆→车退刀槽→车螺纹。练习 4-3 第 1 步和第 3 步的加工结果文件可扫描前言中的二维码调用。

第 1 步练习步骤如下：

1）打开练习文件"第 1 步右端加工 .mcam"，并将其另存为"第 1 步右端加工 -PT.mcam"。

2）分析原加工工艺。进入"刀路"操作管理器，可以看到 5 个加工操作：车端面→车削钻孔（钻中心孔）→粗车→精车→毛坯模型（用于提取第 2 步的 STL 毛坯模型），其中车端面、粗车和精车可替换为全向车削一个操作完成外圆与端面粗、精车加工，加工串连包括端面车削轮廓。

3）将操作插入箭头 ┈▶ 定位至"车端面"操作之上，插入"Prime Turning 全向车削"操作，参数设置如下。

刀具参数：调用"Coro Turn Prime_mm.tooldb"刀具库，选择 B 型刀片外圆车刀（C4-CP-25BL-27060-11B），设置参考点。

粗车参数：策略选水平，切削深度为 1.5mm，X 预留量为 0.35mm，Z 预留量为 0.35mm，主轴转速为 1000r/min，进给量为 0.2mm/min，切入延长为 3.0mm，切出延长为 0.5mm。

精车参数：勾选"精修"复选框，转速为 1000 r/min，进给量为 0.1mm/min。

4）选中原来的车端面、粗车和精车操作，右击鼠标打开快捷菜单来删除这三个操作。

观察刀轨、刀路模拟与实体仿真，满意后，存盘完成右端替换操作。

第 3 步练习步骤如下：

1）打开练习文件"第 3 步左端继续加工 .mcam"，并将其另存为"第 3 步左端继续加工 -PT.mcam"。

2）分析原加工工艺。进入"刀路"操作管理器，可以看到 5 个加工操作：粗车→精车→沟槽粗车（车退刀槽）→车螺纹，显然，粗车可替换为全向车削粗车，考虑到圆弧所需的刀尖圆弧半径补偿，因此精车操作保留，但为简化加工，刀具更换为与粗车操作共用刀具，其余操作保留不变。注意，全向车削粗车的切入参数只有凹陷选项，而后续有沟槽车削操作，因此，换一个图层提取车削轮廓，构建一条无退刀槽的车削加工串连轮廓。

3）将操作插入箭头▸定位至"粗车"操作之上，插入"Prime Turning 全向车削"操作，串连选择新构建的无退刀槽的车削轮廓，参数设置如下。

刀具参数：调用"Coro Turn Prime _mm.tooldb"刀具库，选择 A 型刀片外圆车刀（C4-CP-30AL-27050-11C），设置参考点。

粗车参数：策略选水平，切削深度为 1.5mm，X 预留量为 0.35mm，Z 预留量为 0.35mm，主轴转速为 1000r/min，进给量为 0.2mm/min，切入延长为 1.0mm，切出延长为 0.5mm。

精车参数：取消勾选"精修"复选框，不进行精车加工。

4）选中原来的粗车操作，右击鼠标打开快捷菜单来删除这个操作。

5）双击原来的"精车"操作，弹出"精车"对话框，在"刀具参数"选项卡中选中第 3）步中的 A 型刀片外圆车刀（C4-CP-30AL-27050-11C），其余参数不变，完成修改操作。

观察刀轨、刀路模拟与实体仿真，满意后，存盘完成右端替换操作。

本章小结

本章主要介绍了 Mastercam 2022 软件中几个特殊的加工策略，包括仿形粗车、动态粗车、切入车削和 Prime Turning 全向车削，各加工策略自成体系，互相之间没有紧密的联系。

仿形粗车加工策略的刀具轨迹具有仿形循环的加工思路——仿形，但又不受仿形固定循环指令 G73 的格式限制，刀路较为灵活，不足是后处理生成的 NC 程序是基于基本编程指令的程序。

动态粗车是一种适合曲线车削轮廓、高速车削加工的策略，但刀具受限，只能是圆刀片车刀。

切入车削是以机夹式切槽车刀纵向切削为主的车削方法，不仅可用于宽槽切削加工，还可用于外圆轮廓的仿形车削加工，这种加工工艺对刀具等的要求不高，建议读者在实际中尝试应用。

Prime Turning 全向车削的刀具必须是专用的刀具，受此限制，国内实际生产中应用不多，但作为新技术，还是值得试一试。

第7章　Mastercam 2022 数控车床加工工艺动作设置和编程

7.1　问题的引出

　　数控车床加工过程中，必要的工艺动作必然存在，如典型的自定心单动卡盘装夹、"一夹一顶"装夹过程中的尾顶尖安装，细长轴的跟刀架或中心架辅助装夹，虽然其对编程不产生直接影响，但若考虑不周，实际生产中可能出现危险的碰撞现象（又称干涉现象），为此，自动编程前若能形象地图示出这些装夹的装备，或者表达出装备的大致轮廓边界，编程时提前避让，可大幅减少这种现象的发生。

　　前面 3.4 节初步介绍过卡爪、尾座（实质为尾顶尖，简称顶尖）和中心架的设置问题，但其主要讨论的是编程前准备阶段的设置，不能较好地应付数控车床加工过程的工艺变化，如工件调头再次装夹、钻中心孔后安装顶尖的编程干涉问题等。考虑跟刀架与中心架的应用较少以及设置稍复杂，这里仅谈论涉及调头加工、卡爪再次装夹、钻中心孔后安装顶尖等问题。

　　前期的基础学习，避开了这些问题，这也是本章要学习的内容。先提纲式地提出，学完后要确认自己是否解决了这些问题。

　　问题 1：能够在一个文件中先加工一端，然后在同一个文档中调头装夹继续加工。前面的基础性学习，我们是分两个文档编程的，不存在调头后的继续装夹问题，调头后的毛坯根据调头前加工的形态绘制旋转边界创建（参见练习 4-2），或基于"车削→毛坯→毛坯模型"功能提取出调头前加工形态的 STL 格式 3D 模型，导入调头后的编程文档来创建（参见练习 4-3）。这种方法虽然简单，但存在重复工作的问题，能否在同一文档中设置加工过程毛坯随工件调头动作同步调头，免去调头后再创建毛坯的工作呢？

　　问题 2：前期的基础学习，顶尖是在加工前准备阶段进行，若在设置毛坯的同时设置顶尖，则创建车端面、钻中心孔操作时会出现干涉报警提示，为此，前期涉及的"一夹一顶"尾顶尖安装问题，一是用不同的文档避开，即先用一个文档完成车端面、钻中心孔操作，然后导出其 STL 格式的 3D 模型，再将这个模型导入下一个文档来创建模型。具体可参见练习 4-3。那么，能否在同一个文档中完成车端面、钻中心孔并接着安装顶尖呢？

　　学完本章内容，即可解决这些疑问。在 Mastercam 软件中，这些功能安排在"车床"功能选项卡的"零件处理"选项区，如图 1-3 所示。

7.2 工件调头车削动作设置

7.2.1 ─ 工件调头车削加工示例及分析

以图 2-51 所示的工程图零件为例，加工材料为 45 钢，毛坯尺寸为 ϕ50mm×94mm，加工过程为：先加工左端至边界交点 b 略多一点，然后调头装夹，加工右端至交点 b 略多一点；其加工工艺为：从左端开始加工，钻孔→车端面→粗、精车外圆→车 3 条外沟槽→车螺纹底孔→车 ϕ20mm 孔→车内螺纹→自动调头（毛坯翻转）→粗车→精车。

图 7-1 所示为数控车削加工编程方案图解，工件坐标系定义在加工状态的端面几何中心，左图所示为调头前装夹方案与车削轮廓，加工毛坯为圆柱体，装夹位置点 j_1 坐标为（X50，Z-60）；右图所示为调头后装夹方案与车削轮廓，毛坯为左端加工后的半成品毛坯，j_2 点为装夹位置点（X46，Z-50）。图中 b 点为左、右外轮廓加工的交汇点，左、右车削时，均应略为顺势延伸 1 ～ 2mm，以确保左、右轮廓加工顺畅接合。

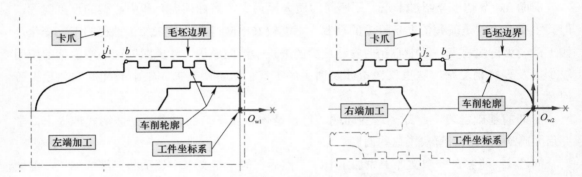

图 7-1　数控车削加工编程方案图解

7.2.2 ─ 工件调头车削动作设置

以图 7-1 所示加工模型与装夹方案为例，假设已完成左端加工，扫描前言二维码可调取相关练习文件与结果文件。

调用并打开练习文件，进入"刀路"管理器，可看到左端加工的各操作工步，单击刀路操作管理器上部的插入符号移动按钮▼ ▲，从上到下逐步移动，可逐步看到每一操作工步毛坯轮廓边界的加工变化。

工件调头动作在 Mastercam 2022 软件中称为"毛坯翻转"功能，其操作入口为：车削→零件处理→毛坯翻转（按钮）。下面以图 7-1 所示车削加工编程模型为例讨论，操作图解如图 7-2 所示。假设已完成左端加工，毛坯翻转操作如下：

1 打开左端加工完成后的练习文件，可看到左端加工的各操作工步刀轨等。

2 为使操作方便，并满足翻转后的操作需要，整理好待调头翻转的图素，如车削轮廓、实体模型等，因此，本示例首先隐藏所有刀轨，保留车削轮廓，显示实体模型。

3 单击"车削→零件处理→毛坯翻转"功能按钮 ，弹出"毛坯翻转"对话框"车削毛坯翻转"选项卡。

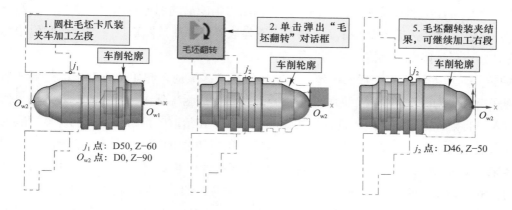

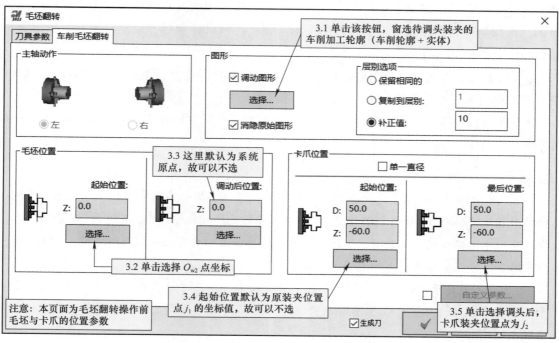

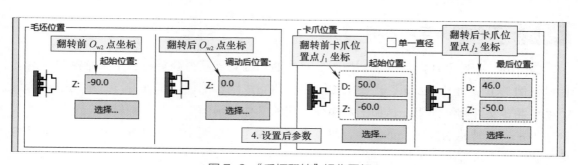

图 7-2　"毛坯翻转"操作图解

4 "车削毛坯翻转"选项卡的设置如下：

①翻转图形的选择。在"图形"区域勾选"调动图形"和"消隐原始图形"复选框，单击"选择"按钮，选择待翻转的图素（包括实体模型与车削轮廓线）。说明：下面的"消隐原始图形"复选框可控制翻转操作后原始图形是否消隐，消隐后的图形可以用"主页→显示→恢复消隐／消隐"功能按钮恢复显示／消隐。若不勾选"消隐原始图形"，则操作时原始图形仍然保留，可后续隐藏、消隐、关闭图层等。

②翻转前、后毛坯原点坐标的指定。"毛坯位置"区域的"起始位置"指的是翻转前图形上翻转后拟作为原点的位置，如指定 O_{w2} 点，翻转后成为工件坐标系原点。若知道数值可直接输入，否则，通过下面的"选择"按钮用鼠标屏幕在拾取。由于翻转后的位置一般为系统坐标系的原点，因此，调用后的位置一般可以采用默认的 0.0 数值而不进行选择。

③翻转前、后卡爪位置的指定。"卡爪位置"区域的"起始位置"指的是翻转前卡爪位置点的位置，如图中的 j_1 点，一般为上一次的最后位置，即等于翻转前的"最后位置"，故可以不选。"最后位置"指翻转后的卡爪位置，即图中的 j_2 点坐标。单击"最后位置"下的"选择"按钮会临时显示翻转后的图形，因此可以鼠标捕抓 j_2 点获取坐标。单击确认按钮后，系统会更新装夹。

5 设置参数完成后，单击确认按钮，完成毛坯翻转。注意，图中第 3.5 步在选择时，有一个中间过程，如上图的中图，选择 j_2 点的过程。

"毛坯翻转"操作完成后，则可继续后续的编程操作，如继续编程完成轮廓的粗车与精车加工。

> ⚠ **注意**
>
> 1）用 Mastercam 2022 进行数控车削编程时，可以不提取实体模型的车削轮廓，系统会临时显示轮廓曲线，供车削编程使用。但在图示的毛坯翻转过程中，用到了"选择"按钮，即在窗口中选择特定点的功能，这时捕抓车削轮廓线上的特定点就显得很方便，如上述操作中球头定点在实体模型上是选择不到的，而有了车削轮廓线，则可以直接捕抓该点。
>
> 2）以上是基于选择点功能的操作，若事先按零件图尺寸计算出翻转前、后的毛坯和卡爪位置参数值，如图 7-2 上图所示的相关点坐标，则可将其直接输入到参数文本框，实现毛坯翻转操作。

7.2.3 工件调头车削示例

▶ **示例 7-1** 毛坯翻转练习，扫码前言中的二维码可获得翻转前加工完左侧的示例文件"示例 7-1 左加工 .mcam"，要求按上述介绍完成翻转毛坯操作练习，二维码中还给出了毛坯翻转文件和继续粗、精加工右侧外轮廓的文件"示例 7-1 左＋翻转 .mcam"和"示例 7-1 左＋翻转＋右加工 .mcam"，供读者研习参考。后两个文件可直接开启，并进行实体仿真，读者可观察整个加工过程。

7.3　工件尾顶尖与中心架设置

前述章节用到尾顶尖设置时，均是基于工件已完成车端面、钻中心孔毛坯，直接在"毛坯设置"选项卡中一步设定，虽然简单，但仿真演示效果略逊色，本节基于"车削→零件处理"选项区的"尾座"功能（▣按钮）自动安装尾顶尖。由于安装顶尖时卡爪装夹位置发生了变化，因此还顺便介绍了"卡爪"功能（▣按钮）。

7.3.1 — 尾顶尖自动装夹原理

"车削→零件处理→尾座"功能具有自动安装顶尖功能，即能够将不在工作位置的顶尖自动地轴向移动至顶尖工作位置，基于这个功能，在"毛坯"选项卡中设置毛坯的同时，可预先设置一个尾顶尖，该尾顶尖形状与前述的设计相同，可基于参数或旋转等方式定义，但轴向位置应设置在足够远的安全位置，这个位置要确保车端面、钻中心孔等时不发生干涉现象，如图 7-3 所示，然后在车端面、钻中心孔操作工步完成后，利用"尾座"功能自动将顶尖移动至工作位置，模拟安装尾顶尖功能。

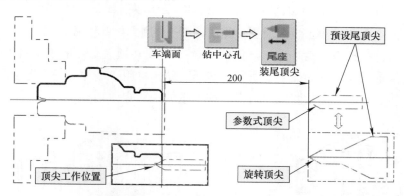

图 7-3　尾顶尖自动装夹原理

7.3.2 — 尾顶尖自动装夹设置操作方法

以练习 4-3 为例，其工程图参见图 3-14，将其中第 8 步取消，第 9 步改为自动调头（毛坯翻转），第 12 步改为自动安装顶尖，同时卡爪重新定位，其新的加工工艺为：从右端开始加工，车端面→钻中心孔→粗车外圆→精车外圆→自动调头（毛坯翻转）→车端面→钻中心孔→卡爪重新定位，自动安装顶尖→粗车外圆→精车外圆→车退刀槽→车螺纹，简述为：右端加工（第 1～7 步）→自动调头（毛坯翻转）→车端面、钻中心孔（第 10 步和第 11 步）→卡爪重新定位，自动安装顶尖→左端加工（第 14～17 步）。

1. 毛坯翻转前状态分析

首先，调用练习 4-3 第 8 步的右端加工文件，其中包含 8 步操作工步，删除第 8 步的毛坯操作，参照上述毛坯翻转的准备要求，为使操作方便，整理好待调头翻转的图素，如车削轮廓、实体模型等，并隐藏刀轨，且结果如图 7-4 所示。单击刀路管理器中的 毛坯设置标签，激活"机床群组属性"对话框中的"毛坯设置"选项卡，预设置顶尖，中心直径为 8.0mm，轴向位置为 200mm，其余默认设置。准备完成后，另存为"图 7-4 右加工"文档，开始后续设置。

2. 自动调头（翻转毛坯）操作

毛坯翻转操作方法与图 7-2 类似，图 7-4 为翻转前的状态及其参数，图 7-5 所示为翻转后的结果与参数，具体过程略。

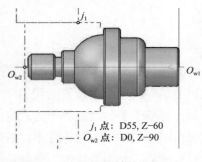

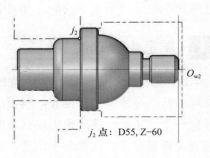

图 7-4　毛坯翻转前准备　　　　　　　　　　图 7-5　毛坯翻转结果

3. 车端面、钻中心孔、卡爪重新定位、自动安装顶尖

车端面、钻中心孔操作工步的设置参见练习 4-3 的第 10 步和第 11 步。

这一步的工件装夹方式为"一夹一顶"，其不仅是安装顶尖，从练习 4-3 的第 13 步可见，其卡爪的装夹位置也变了，如图 7-6 所示，这两个动作可用"零件处理"选项区的"卡爪"和"尾座"功能实现，下面按照操作习惯先谈卡爪的重新定位功能。

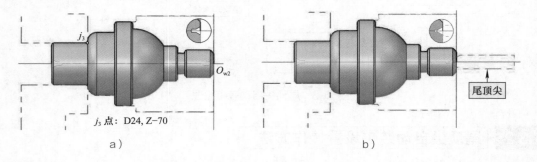

图 7-6　卡爪重新定位与自动安装顶尖
a）卡爪重新定位　b）自动安装顶尖

（1）卡爪功能及卡爪重新定位　"卡爪"功能在"车削→零件处理→…"功能选项区列表中，单击"卡爪"功能按钮 ，弹出"卡爪"对话框，可在操作管理器中插入图标 ▶ 处创建一个"车削卡爪"操作。接着，进行车端面、钻中心孔操作工步，图 7-6a 所示为卡爪重新定位，卡爪重新定位点 j_3 的坐标为（D24，Z-70）。卡爪重新定位的操作图解如图 7-7 所示，操作步骤如下：

1 单击"车削→零件处理→卡爪"功能按钮 ，弹出"卡爪"对话框，选择"重新定位"单选按钮。

2 在"卡爪位置"选项区的最后位置文本框中输入重新定位点 j_3 的坐标 D24、Z–70。（直径编程，D40=X40）

3 单击确认按钮，完成卡爪重新定位，卡爪定位到 j_3 点位置，如图 7-6a 所示。

（2）自动安装顶尖　由于之前已在 Z200 位置预设置了顶尖，因此这里仅须用"尾座"功能实现。单击"车削→零件处理→尾座"功能按钮 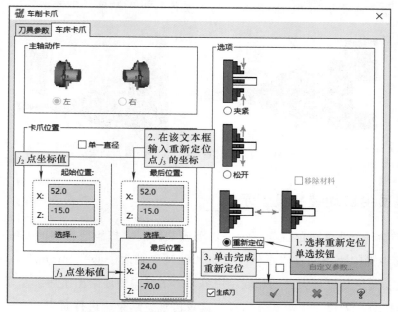，弹出"车削尾座"对话框，如图 7-8 所示，按图所示选择"前移"单选项，由于工件上已经有中心孔，系统能够自动检测到，因此"尾座位置"选项区的"调动后位置"转为自动方式，且 Z 轴位置自动计算，单击确定按钮，系统自动将顶尖加载至与已知中心孔配合的位置，如图 7-6b 所示。

图 7-7　卡爪重新定位操作图解

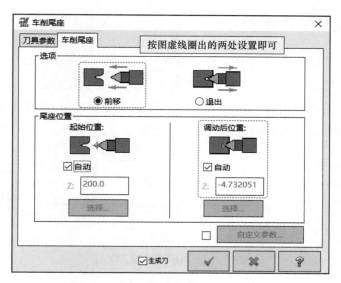

图 7-8　"车削尾座"对话框及其设置

4. 左端加工

完成了卡爪重新定位与尾顶尖自动安装后，即可练习 4-3 的第 14 ～ 17 步，完成左端加工，具体操作略。

注意，以上所有加工工步均在一个文件中完成，且中间的毛坯设置、卡爪定位、尾顶尖的安装均是自动完成的，整个加工过程集成于一体，若继续进行"刀路模拟"与"实体仿真"操作，则可以看到整个加工过程一气呵成，视觉效果远超前述章节介绍的多个文件编程的方法，图 7-9 所示为"刀路模拟"与"实体仿真"结果，供参考。

图 7-9 "刀路模拟"与"实体仿真"结果

7.3.3 尾顶尖自动装夹设置示例

▶ 示例 7-2 卡爪重新定位与尾顶尖自动安装练习。扫码前言中的二维码可获得车端面、钻中心孔步骤的练习文件"示例 7-2 右 + 翻转 + 端面中心孔 .mcam"，要求按上述介绍完成卡爪重新定位与尾顶尖自动加载定位练习，二维码中还给出了后续左端加工完成的结果文档，可直接进行刀路模拟与实体仿真，读者可观察结果、进行研习。

7.3.4 中心架设置应用示例

"中心架"是车削加工细长轴两大辅助附件（中心架与跟刀架）之一，"中心架"功能按钮🔧可模拟中心架在车削中的位置，检验加工过程中是否出现碰撞。此处以图 7-10 所示零件为例，应用中心架辅助支撑进行加工。加工工艺过程及其相关动作图解如图 7-11 所示，其对应的加工操作与中心架对话框设置如图 7-12 所示。

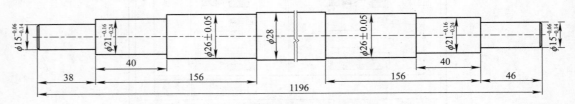

图 7-10 阶梯细长轴工程图

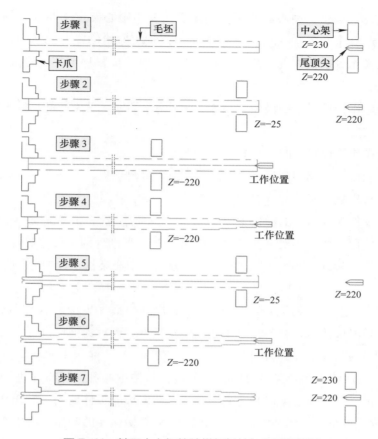

图 7-11　基于中心架的阶梯细长轴加工过程图解

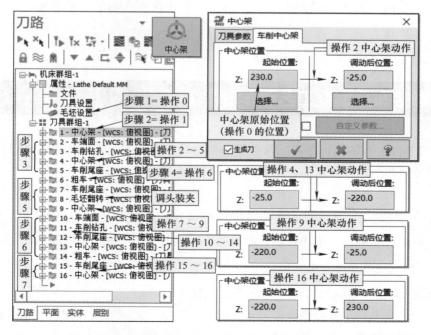

图 7-12　基于中心架的阶梯细长轴加工操作管理器与"中心架"对话框设置

步骤 1 为毛坯、卡爪、中心架和尾座的定义，其中中心架定义要求绘制图框，绘制的图框右下角定位点坐标为 $Z-230.0$（原始位置），尾顶尖原始位置为 $Z220.0$。

步骤 2 对应操作管理器中的操作 1，将中心架从原始位置移至图示位置（$Z=-25$），工件伸出约 25.0mm。

步骤 3 对应操作管理器中的操作 2 ~ 5，分别为车端面、钻中心孔、前移位顶尖和中心架重新定位（$Z=-220$）。

步骤 4 对应操作管理器中的操作 6，车削外圆至尺寸。

步骤 5 对应操作管理器中的操作 7 ~ 9，分别为退出顶尖、毛坯翻转（调头装夹）、中心架重新定位（与步骤 2 相近的位置，$Z=-25$）。

步骤 6 对应操作管理器中的操作 10 ~ 14，分别对应步骤 3 和步骤 4，内容包括车端面、钻中心孔、前移位顶尖和中心架重新定位（$Z=-220$）、车削外圆至尺寸等。

步骤 7 对应操作管理器中的操作 15 ~ 16，分别为中心架后退，中心架复位至原始位置（$Z=230$）。

在图 7-12 中，定义完毛坯、卡爪、中心架和尾顶尖后（步骤 1），单击"车削→零件处理→中心架"功能按钮，会弹出"中心架"对话框，该对话框可设置中心架的动作等，"起始位置"是中心架移动前的位置，坐标为（$Z230.0$），操作 1 的动作将中心架移动至 $Z-25.0$ 位置，即工件伸出中心架约 25mm，车端面和钻中心孔；操作 4 进一步将中心架移动至 $Z-220.0$ 位置，车外圆。操作 8 为毛坯翻转，即俗称的工件调头，操作 9 将中心架重新移动至 $Z-25.0$ 位置，车端面和钻中心孔，操作 13 重复操作 4 的动作，将中心架再次移动至 $Z-220.0$ 位置，车外圆，至此，两头都车削完成，操作 15 将尾顶尖退回至原始位置（$Z-220.0$），中心架退回至原始位置（$Z-230.0$）。随书练习文件中配有 Mastercam 示例，读者可进一步观察理解。

7.4　数控车床编程工艺动作设置实例

✏ 练习 7-1　毛坯翻转练习，以练习 4-1 为对象，将其第 6 ~ 8 步改为毛坯翻转操作工步，完成零件车削加工。从前言二维码中可获得练习文件"练习 7-1 左加工 .mcam"与结果文件。

加工分析：按题意，本练习的工程图如图 4-34 所示，加工工艺从左端开始，即左端加工（练习 4-2 第 1 ~ 5 步）→毛坯翻转→右端加工（练习 4-2 第 9 ~ 13 步）。

练习步骤：

1）扫码获取并开启练习文件"练习 7-1 左加工 .mcam"。进入刀路管理器，可看到车端面和粗车（内含半精车）两个操作工步，同时，在屏幕上可看到相应的刀具轨迹，为使毛坯翻转操作方便，隐藏所有刀具轨迹。

2）单击"车削→零件处理→毛坯翻转"功能按钮 🔃，弹出"毛坯翻转"对话框"车削毛坯翻转"选项卡，选项卡中毛坯翻转设置如下：

① 翻转图形的选择。确认"调动图形"和"消隐原始图形"复选框为默认不选状态，单击"选择"按钮，窗选所有车削轮廓和零件实体。

② 单击"毛坯位置"选项区"起始位置"下的"选择"按钮，鼠标拾取零件左端面几何中心，或直接输入该点坐标值 −95.0。

③ 单击"卡爪位置"选项区"最后位置"下的"选择"按钮，鼠标拾取零件翻转后的装夹位置（练习 4-2 第 8 步的 j 点），或直接输入该点坐标（D35，Z−60）。

单击确认按钮，完成毛坯翻转操作。

3）右端加工。参照练习 4-2 第 9 ～ 13 步完成右端加工练习。

✒ **练习 7-2** 毛坯翻转、卡爪重新定位与自动安装顶尖练习。已知图 5-8 所示工程图及其 3D 模型"练习 7-2.stp"，假设工件材料为 45 钢，圆钢毛坯尺寸为 $\phi45mm \times 108mm$，加工工艺为：第 1 步，三爪装夹，左端加工，车端面→粗车→精车；第 2 步，调头（毛坯翻转），三爪装夹；第 3 步，车端面→钻中心孔；第 4 步，"一夹一定"装夹，卡爪重新定位装夹，自动安装顶尖；第 5 步，右端加工，粗车（不含凹陷）→车退刀槽→粗车凹陷→精车→车螺纹。

首先，扫描前言中的二维码，获取练习文件"练习 7-2.stp"。

第 1 步：导入模型，左端加工。

1）启动 Mastercam 2022，导入练习模型，以 Y 轴镜像零件，将零件左端面圆心移至系统坐标系原点，建立左端加工工件坐标系。提取车削轮廓线；进入车削模块，创建圆柱体毛坯，外径为 45.0mm，长度为 108.0mm，轴向位置 2.0；设置卡爪参数，卡爪位置直径为 45.0mm，Z 值为 −60.0。

2）车端面。加工策略：车端面（ ▮ 按钮）；刀具参数：选刀尖角 80°、主偏角 95° 的外圆车刀（OD ROUGH RIGHT - 80 DEG.），刀具编号为 T0101，主轴转速为 800r/min，进给量为 0.2mm/r，参考点为（D140，Z80）（下同）；车端面参数：勾选"粗车步进量"复选框，精车步进量为 0.4，其余按默认值。

3）粗车外圆至 $\phi42mm$ 外轮廓。加工策略：粗车；刀具参数：同车端面 T0101，主轴转速为 800r/min，进给量为 0.2mm/r，参考点同上；补正方式为"电脑"，切削深度为 1.5mm，X 预留量为 0.4mm，Z 预留量为 0.4mm，切入延长为 0.5mm，切出延长为 2.0mm，毛坯识别选"使用毛坯外边界"，切入参数默认不允许凹陷加工。

4）精车外圆至 $\phi42mm$ 外轮廓。加工策略：精车；刀具参数：同外圆粗车，主轴转速为 1000r/min，进给量为 0.1mm/r，参考点同上；补正方式为"控制器"，X 和 Z 预留量为 0，切入延长为 1.0mm，切出延长为 2.0mm，切入参数默认不允许凹陷加工。

第 2 步：调头（毛坯翻转），三爪装夹。

1）接上一步精车操作工步，隐藏所有刀具轨迹，显示车削轮廓及零件实体。

2）单击"车削→零件处理→毛坯翻转"功能按钮 ，弹出"毛坯翻转"对话框"车削毛坯翻转"选项卡，选项卡中毛坯翻转设置如下：

① 翻转图形的选择。确认"调动图形"和"消隐原始图形"复选框为默认不选状态，单击"选择"按钮，窗选所有车削轮廓和零件实体。

② 单击"毛坯位置"选项区"起始位置"下的"选择"按钮，鼠标拾取零件左端面几何中心，或直接输入该点坐标值 −104.0。

③ 单击"卡爪位置"选项区"最后位置"下的坐标文本框，直接输入毛坯翻转后的卡爪位置点坐标（D42，Z−56）。

第 3 步：车端面→钻中心孔。

1）车端面。同第 1 步的车端面操作。

2）钻中心孔。加工策略：钻孔（ 按钮）；刀具参数：ϕ6mm 中心钻（CENTER DRILL - 6. DIA.），刀具编号为 T0505，主轴转速为 600r/min，进给量为 0.05mm/r，参考点同上；钻孔参数：深度为 −5.5mm，循环用默认的"钻头 / 沉头钻"。

第 4 步："一夹一定"装夹，卡爪重新定位装夹，自动安装顶尖。

1）单击刀路管理器中的 毛坯设置 标签，激活"机床群组属性"对话框"毛坯设置"选项卡，预设置顶尖，中心直径为 16.0mm，轴向位置为 200mm，其余默认设置。

2）卡爪重新定位。

① 单击"车削→零件处理→卡爪"功能按钮 ，弹出"卡爪"对话框，选择"重新定位"单选按钮。

② 在"卡爪位置"选项区的"最后位置"文本框中输入重新定位的位置点坐标（D25，Z−94）。（也可鼠标捕抓这个位置点）

③ 单击确认按钮，完成卡爪重新定位。

3）自动安装顶尖。单击"车削→零件处理→尾座"功能按钮 ，弹出"车削尾座"对话框，选择"前移"单选项，单击确定，完成尾顶尖自动安装。

第 5 步：右端加工，粗车（不含凹陷）→车退刀槽→粗车凹陷→精车→车螺纹。

1）粗车右端剩余外圆轮廓。加工策略：粗车；刀具参数：同第 1 步粗车外圆操作，即刀具编号为 T0101，主轴转速为 800r/min，进给量为 0.2mm/r，参考点同上；补正方式为"电脑"，切削深度为 1.5mm，X 预留量为 0.4mm，Z 预留量为 0.4mm，切入延长为 0.5mm，切出延长为 2.0mm，毛坯识别选"使用毛坯外边界"，切入参数默认不允许凹陷加工（故圆弧与圆锥面外轮廓的凹陷轮廓未加工）。

2）车退刀槽。加工策略：沟槽（ 按钮）；刀具参数：选择与槽宽相等的右手外圆切槽车刀（OD GROOVE RIGHT - MEDIUM），刀具编号为 T0303，主轴转速为 500r/min，进给量为 0.1mm/r，参考点同上；沟槽粗车参数：Z 预留量为 0，X 预留量为 0，取消勾选精车参数选项卡上的"精修"复选框。

3）粗车右端圆弧与圆锥面凹陷轮廓。加工策略：粗车；刀具参数：选择刀尖角 55°、主偏角 93° 的右手外圆车刀（OD Right 55 deg），刀具编号为 T0202，主轴转速为 800r/min，进给量为 0.2mm/r，参考点同上；切削深度为 1.0mm，X 预留量为 0.4mm，Z 预留量为 0.4mm，切入延长为 1.0mm，垂直下刀，切出缩短 4.0mm，垂直提刀，毛坯识别选"使用毛坯外边界"，切入参数选择允许凹陷加工。

4）精车外圆。加工串连分两段选择，分别螺纹倒角与外圆、圆弧与圆锥外轮廓。刀具同上一步的 T0202，主轴转速为 1000r/min，进给量为 0.1mm/r，参考点同上；补正方式为"控制器"，X 和 Z 预留量为 0，切入延长为 1.0mm，切出延长为 12.0mm，切入参数选择允许凹陷加工。

5）车 M24×2 螺纹。加工策略：车螺纹（⬇按钮）；刀具参数：选用中等规格的右手外螺纹车刀（OD THREAD RIGHT - MEDIUM），刀具编号修改为 T0404，主轴转速为 200r/min，参考点同上；螺纹参数由表单计算，起始 / 结束位置在车削轮廓曲线上捕抓，切入间隙为 4.0mm，切出延伸量为 2.0mm，NC 代码格式选"螺纹固定循环（G92）"。

本章小结

本章主要介绍"车削→零件处理→…"功能列表中毛坯翻转、卡爪、尾座和中心架功能，编程中，这些功能虽然对程序没有太大的影响，但其可以将一个工件的全部车削加工（包括调头、卡爪重新定位和尾顶尖自动加载等）集成在一个编程文档中，不仅可简化加工过程中半成品毛坯的数据与模型的传递，简化编程，同时，进一步提高了刀路模拟与实体仿真的观测效果，提高了加工编程效率和质量。

参 考 文 献

[1] 陈昊，陈为国. 图解 Mastercam 2022 数控加工编程进阶教程 [M]. 北京：机械工业出版社，2023.

[2] 陈昊，陈为国. 图解 Mastercam 2022 数控加工编程基础教程 [M]. 北京：机械工业出版社，2022.

[3] 陈为国，陈昊. 数控车削刀具结构分析与应用 [M]. 北京：机械工业出版社，2022.

[4] 陈为国，陈昊. 数控加工刀具应用指南 [M]. 北京：机械工业出版社，2021.

[5] 陈为国，陈昊. 图解 Mastercam 2017 数控加工编程高级教程 [M]. 北京：机械工业出版社，2019.

[6] 陈为国，陈昊. 图解 Mastercam 2017 数控加工编程基础教程 [M]. 北京：机械工业出版社，2018.

[7] 陈为国，陈昊. 数控加工刀具材料、结构与选用速查手册 [M]. 北京：机械工业出版社，2016.

[8] 陈为国. 数控加工编程技术 [M]. 3 版. 北京：机械工业出版社，2023.

[9] 陈为国，陈昊. 数控加工编程技巧与禁忌 [M]. 北京：机械工业出版社，2014.

[10] 陈为国，陈昊. 数控车床加工编程与操作图解 [M]. 2 版. 北京：机械工业出版社，2017.

[11] 陈为国，陈昊. 数控车床操作图解 [M]. 北京：机械工业出版社，2012.

[12] 陈为国，陈为民. 数控铣床操作图解 [M]. 北京：机械工业出版社，2013.